杨廷宝谈建筑

建筑大家谈

杨廷宝 著

齐康 记述

杨永生 主编

中国建筑工业出版社

中国城市出版社

杨廷宝（1901～1982年）

　　杨廷宝（1901～1982年）是我国当代著名建筑家，曾当选国际建筑师协会副主席、中国建筑学会理事长，曾任南京工学院副院长、建筑系主任、建筑研究所所长。从20世纪20年代到80年代，半个多世纪杨廷宝亲自动手设计或指导设计的建筑达百余项，堪称我国第一代建筑大师。

　　然而，杨廷宝一生中著作却不多。70年代末，我们考虑到他年事已高，为了抢救他丰富的设计经验于万一，蒙本人同意，嘱齐康教授注意挖掘、记述、收集他的宝贵经验。这样，在杨廷宝生前，由齐康记述并经本人亲自过目、修改、补充的7篇文章，于80年代初在《建筑师》丛刊上陆续发表。本书除编入这7篇文章外，还编入了首次发表的另7篇文章。这后7篇文章除个别的因杨廷宝匆匆离去而未及审阅外，都业经本人生前过目。此外，《童年的回忆》等三篇回忆录，经齐康记录整理，编入附录。

　　齐康院士1952年毕业于南京大学建筑系，曾任东南大学建筑研究所所长。他是杨廷宝的得意门生，长期从事建筑教育和建筑设计。

出版前言

近现代以来，梁思成、杨廷宝、童寯等一代代建筑师筚路蓝缕，用他们的智慧和实践，亲历并促进了我国建筑设计事业的启动、发展、转型和创新，对中国建筑设计和理论的发展作出了杰出贡献。

改革开放以后，西方建筑理论思潮纷纷引入我国，建筑理论、建筑文化空前发展，建筑设计界呈现"百花齐放"的盛景，孕育了一批著名建筑师和建筑理论家。

为纪念这些著名建筑师和建筑理论家，记录不同历史时代建筑设计的思潮，我社将20世纪90年代杨永生主编的"建筑文库"丛书进行重新校勘和设计，并命名为"建筑大家谈"丛书。丛书首批选择了梁思成、杨廷宝、童寯、张开济、张镈、罗小未等建筑大家的经典著作：《拙匠随笔》《杨廷宝谈建筑》《最后的论述》《现代建筑奠基人》《建筑师的修养》《建筑一家言》。所选图书篇幅短小精悍、内容深入浅出，兼具思想性、学术性和普及性。

本丛书旨在记录这些建筑大家所经历的时代，让新一代建筑师了解这些建筑大家的学识与风采，以及他们在面对中国建筑新的发展道路时的探索与思考，进而为当代中国建筑设计发展转型提供启发与指引。

中国建筑工业出版社

中国城市出版社

2024年4月

代序

思索　积累　创新　求实

　　齐康教授是一位有心人。早在1979年他就分别拜访了建筑界一些知名人士，请他们评介杨老（杨廷宝在世时，人们都这样称呼他）半个多世纪以来的建筑创作实践，并且在1985年又把当时的谈话记录分送本人审阅修改。

　　这次在选编本书时，承蒙齐康欣然提供这些难得的材料，供编者参阅，深表谢意。

　　为了使读者对杨老有更多的了解，编者从这些谈话记录中摘出一些段落，编在本书的前面，作为代序。

我们借用杨廷宝赠送给他的学生的八个字——思索、积累、创新、求实作为这篇代序的题目。

杨永生

1990年11月

张开济〔北京市建筑设计研究院总建筑师〕：

在旧社会，上海的建筑设计大权都是掌握在洋人手里。和平饭店、锦江饭店、上海大厦等都是英国建筑师设计的。在北京，民国初年改建的"大前门"和当时中南海勤政殿的扩建工程都是法国建筑师设计的。因此，可以说，中国一度是外国建筑师的天下。

在我国，中国人自己组织的正规的建筑设计事务所开始于基泰工程司。中华人民共和国成立前，规模较大的建筑师事务所有基泰、华盖、兴业等。基泰的建筑设计极大部分都是杨廷宝搞的，"华盖"则是赵深、童寯和陈植亲自动手，"兴业"的设计主要是李惠伯搞的。此外，还有一些建筑师，如庄俊、董大酉等。这些建筑界的前辈们不仅从外国人手中夺回了建筑设计大权，而且他们的作品的质量也是相当高的，可以说相当于或接近于当时的国际水平。所以，他们对我国建筑界的贡献是很大的。

杨廷宝是"基泰"的主要设计人，因此也是我们建筑设计界开创人之一。

我认为，他的作品都是很成熟的，比较细致，路子很端正。从总平面到细部设计他都是亲自动手，不只画图，而且是随着工程一抓到底。我认为，作为一个建筑师除了专业素养之外，还要有广博的知识、较高的艺术修养、较强的分析问题的能力、认真的态度和正派的作风。杨老完全具备这些条件。杨老为人随和，平易近人，最可贵的长处是认真、好学。

罗小未〔同济大学教授〕：

假如我们认真地回顾杨廷宝自20年代至今几十

年中的建筑创作道路，会吃惊地发现这俨然是一部我国60年来建筑创作历史的注解。他的作品有今有古，或古今结合；有中有西，或中西合璧。虽然人们可以取其一而冠以这种或那种主义，或您自己的好恶而加以褒贬，但这不是历史。杨老和我国其他几位杰出的第一代建筑师一样，其贡献不在于倡导了什么现成的学派，而在于坚持了严谨的现实主义探索精神，努力在洋为中用、古为今用中探索自己的道路。在这个艰巨的历程中，他们尽可能地认识社会，适应社会和工作任务对他们的要求，尽心创作，并不断地充实自己，力图在不同要求和有限的条件下得到较为圆满的解决。这就是他们的贡献。这种精神将激励着后人前进。

吴良镛〔清华大学教授〕：

杨老早年留学美国学习西方古典建筑，回国后修缮古建筑，向匠人们、营造学社的朋友们学习中国古建筑，他打下了中西古典建筑的基础。他是先实践，后又从事建筑教育，同时从事建筑设计。中与西、理论与实践、古与今都在他身上体现，建筑界很少人有这样的经历。杨老在建筑设计上的成就，拟比"文如其人""淳朴其功""炉火纯青"，他的基本功深厚。他认识到，时代、人、建筑、环境的相互关系的重要性。杨老治学勤奋，老而不衰。

陈植〔上海民用建筑设计院原院长、上海市建委科技委员会技术顾问〕：

50余年中，仁辉[①]在建筑创作方面的优秀记录是建筑界尽人皆知，得到高度评价的。如南京军区总医院、中山陵音乐台和南京航空学院。作为凝固的音乐，这几个代表性建筑有主旋律，有配调，抑扬顿挫，相映成彰。30年代能达到这样高的水平，突出当时的时代气息，值得赞扬，不可以今论昔。中华人民共和国成立以后，仁辉的首次创作是北京和

---

① 杨廷宝，字仁辉——编者注。

平宾馆（结构设计出于杨宽麟），在有限的空间内，布局既紧凑又舒畅。最成功的是沟通了金鱼胡同和西堂子胡同的交通。一度被诬为"方盆子"，实际上是简洁、凝重、温馨、古朴，方形窗户的排列表现了北京前门箭楼的格调。

20年代，在全美建筑系学生的设计竞赛中，仁辉荣获1924年艾默生奖竞赛（*Emerson Prize Competition*）一等奖，是教堂内一座巨大的柱式屏风，分层分格，布满了精美的浮雕。同年，他又被授予市政艺术协会奖竞赛（*Municipal Art Society Prize Competition*）一等奖，是一座大型综合性商场，体形稳健，层次分明，濒河有船只停泊。仁辉当得三等奖几次。伯潜[①]在全美建筑系学生竞赛中获1927年亚瑟斯·布鲁克纪念奖（*Arthur Spayed Brooke Memorial Prize*）二等奖及1928年同一竞赛的一等奖。两老的优秀设计绝不是偶然的，而是由

---

① 建筑学家童寯，字伯潜——编者注。

于聪颖逾人，久经熏陶，专心致志，攀登不懈。在1918～1921年期间，清华1918级校友朱彬在宾校[①]获建筑硕士，亦曾几次得设计奖章，因之在美国学生中传有两句口头语：一曰："这些中国人真棒!"（*Damn Clever these Chinese*）；二曰："这是中国小分队。"（*The Chinese Contingent*）。产生这两句话不是出于妒忌，而是由于赞赏，使同时在建筑系的七八位中国学生亦感到骄傲。

（摘自陈植在1990年东南大学建筑系和建筑研究所举办的纪念杨廷宝、童寯诞辰90周年学术讨论会上的书面发言，题为《学贯中西，业绩共辉——忆杨老仁辉、童老伯潜》，详见《建筑师》第40期。）

张镈〔北京市建筑设计研究院总建筑师〕：

严格不苟，是杨老从事建筑设计的重要特点之一。他的设计工作做得很深、很细。1934年我参加

---

① 即美国宾夕法尼亚大学——编者注。

"基泰"，看过他的施工图，细致、正规。他讲究画"轴线"，不但立面，平面也重视。我感受很深，我也学他这一点。他对隙缝和线角也很重视。他的设计不搞标新立异，不拿人力、物力来表达自己的才华。他是一位有真才实学的人，他的一生是一步一个脚印往前走。

郑孝燮〔建设部城市规划司顾问〕：

杨老师对中国古建筑下过功夫，造诣很深，自己又有亲身实践经验。他曾主持过北京许多重要古建筑的修缮，如国子监、碧云寺罗汉堂、一直到天坛的祈年殿等。他甚至钻到祈年殿的宝顶里细致地了解情况。他对古建筑的修缮卓有贡献，手法运用稔熟，从群体到个体以及比例、细部、色调等的研究和掌握，都极有功力。

（上述编排顺序与学术地位无关，更与官衔无关，纯属从内容出发，特此说明——编者）

目
录

出版前言

代序

    思索　积累　创新　求实

二十六年后——重访和平宾馆　/ 001

处处留心皆学问　/ 010

源远流长——谈传统民间建筑的创作　/ 019

建筑群中的新建与扩建　/ 030

建筑之于地形　/ 036

仙境还须人来管　/ 049

老人的心愿——对武夷山风景区建设的意见　/ 066

风景的城市　入画的建筑——在杭州市城市规划

    讨论会上的发言　/ 076

古建筑环境的保护　/ 086

关于修缮古建筑　/ 096

谈点建筑与雕刻　/ 105

轴线 / 115

故地重游 / 121

谈赖特 / 131

附录

童年的回忆 / 142

学生时代 / 150

我为什么学建筑 / 165

二十六年后

——重访和平宾馆

（1978年9月8日）

26年后，杨廷宝教授于1978年又来到了他解放初期设计的北京和平宾馆。一进院，杨老首先问道："这儿保留的几组四合院怎样，还住旅客吗？"和平宾馆的同志回答说："地震后不住了，但不少外宾还特别喜欢住四合院，有一次，斯诺夫人来，就想住四合院，因为地震，不能住。"杨老接着说：

是啊！其实住四合院很好。有的外宾很喜欢，他们住惯了高层建筑，住一下四合院别有风味。目前，国外旅游旅馆不少就是两层的。我们有时是一股风，一讲高层，各地不论城市大小，地段状况，一律想建高层。为什么不可以结合实际情况修缮一批民居、四合院作为旅游旅馆呢？你看那阳光透过四合院的花架、树丛，显得多么宁静，住家的气氛多浓，还是个作画的好题材呢。

来到大楼前的广场，一眼看到的是两棵大榆树和地面上画成"S"形的步道。在同一块地坪上运用不同的材料，既适合于人的尺度，又指明了步行路线，还可供停车，使人有不同的空间感觉。这一广场和一般公共建筑前的广场迥然不同，舒坦而又憩适，有一种亲近的空间感。杨老告诉我：

为了保留这几棵大树、一口井和部分平房，我在设计构思时着重研究了环境。基地前后是两条平行的胡同，都是单行道。我决定采用主体建筑一字形，用过道穿透底层的办法，解决了停车和交通问题。把厨房和餐厅放在西边，这就尽量地避开这几棵大树，并把它们组织到室外空间中来，使之能够继续为人们"造福"。记得当时把固定起重架的钢索拴在那棵树上，真叫我担心了一阵子。现在，基建工作中还是有人为图一时方便，不爱惜树木。例如，南京五台山体育馆西面一片松树群本应保留，但施工时全砍掉了，真可惜！（图1）

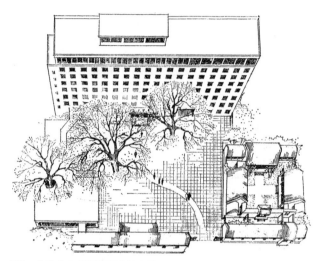

图1　北京金鱼胡同和平宾馆鸟瞰

　　我们经过转门进入门厅，感到空间组织得十分紧凑，运用设计手法把不同功能的体形围绕门厅这个中心加以连贯。门厅面积不大，使人感到空间流通而凝固，安排得体而合理（图2）。杨老说：

　　　门厅是旅馆出入口交通的核心，旅客一到要办手续，看到服务台、楼梯、电梯、小卖部等，一目了然。我将它安排成一个"港"。旅客休息处占门厅的

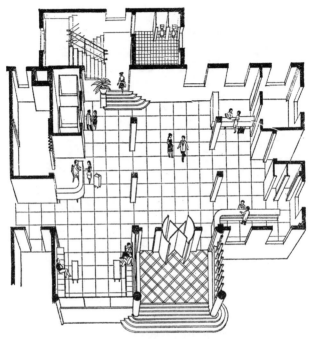

图2　和平宾馆大堂、休息厅与楼梯间鸟瞰

一个角，不受来往交通的干扰。大片玻璃窗面对院内景色，使室内外空间互相呼应，浑然一体，到了这里就好似到了"家"。我认为，一般旅馆的门厅没有必要设计得那么堂皇。

陪同的同志首先带我们上顶层，那里是会议厅（当年曾作舞厅）。再上屋顶平台，我们极目远眺北京风光，又俯视南北四合院群组。杨老不禁回忆起当年建房的经过：

开始设计时[①]，原是利用解放初社会上的游资，修建一座中等旅馆，且已建了四层框架。后来因为要在北京开"亚洲及太平洋地区和平会议"，临时改为宾馆。当时正是建筑界复古主义"大屋顶"成风，审批这个宾馆建筑设计时不予通过，不给执照。后来几经周折才批准了。施工时工人们日日夜夜辛勤劳动，进度很快，只用了50天就建成了，及时交付使用。我为什么采用这种设计手法呢？就是因为它便于施工，快，能及时赶上需要。

接着，陪同的同志带领我们进入标准层。看了单间带脸盆的客房、单间带厕所的客房、双套间客房以及公共厕所卫生间等；觉得房间、楼梯间、走

---

① 指1951年。

道的尺度都十分得体。话题转向使用情况。

当时设计是考虑单间单床，现在摆的是双床，还是有前后挡板的床。有什么办法？！你看，这么紧的房间，还要放一张圆桌，真挤。客房的设计应当是整体的。你看天花板上的吸顶灯，当时条件下把灯泡半露出来，这是个简便方法，然而简便的方法有时会取得很好的效果。

回到底层，我们在宴会厅的后台休息了一会。陪同的同志又介绍说，这些年来，几乎每年都有人来参观。教师、学生，还有设计工作者，他们一致都有好评。当年，敬爱的周总理曾多次来到过宾馆。他说："这个建筑不是设计得很合理吗?"谈到这儿，杨廷宝老教授激动地说：

宾馆建成后一时曾招致了许多人的非议，尤其是当时莫斯科一批建筑师说这是方匣子。听说有一次，报纸上的批判稿已经准备好了。总理说："这个房子解决了问题嘛！"这才制止了报纸上的公开批判。之后，中央提出了"适用、经济、在可能条件下注意美观"的方针，为我们设计人员在设计原则上指出了方向。

陪同的同志又说："总理曾多次来到宾馆，使我们一些老工作人员十分怀念。"有一次总理乘电梯，电梯稳而快，总理问："这是什么厂家的产品?"服务员回答说："OTIS是美帝货。"总理说："这说法不妥当，这是美国劳动人民的成果，不能混为一谈。"至今，这位服务员还牢牢记住总理的教诲。有一年，在这儿开全国性会议，总理常来宾馆，告诉我们说："我天天来上班，别把我当外宾。"每当我们回忆起人民的好总理的一言一行，大家都不禁热泪盈眶。

大家想着，走着。杨老打破了沉默说："我来带你参观宴会厅。"面对舞台的活动隔板，装饰着中国式的花纹，杨老说：

这后台可以接待客人，又可以作为小型演出的后台。活动隔板拆掉，可以从两边台阶通向宴会大厅，扩大空间，上下呵成一气，举行较大的报告会。你从小楼梯到回廊看看，如听报告、看演出，不又增加了座位吗？空间虽不高，用了槽灯，并不感到压抑。现在吊上了大吊灯，就不太好啦。

从南边小楼梯转下，还布置了一个小服务台。空间利用可算是尽善的了。我们穿过小餐厅、厨房，发现原保留在厨房内的那棵大树已经锯掉，现改作贮藏间。厨房面积并不大，但布置得经济合理。步出厨房，来到了民居式样的茶室，当年是对外营业。我们看到了那口井。

当年我想办法搬来了石望柱栏板做井栏。井水可以用来浇花，不很好嘛！

看看宾馆的立面，虽然有点陈旧，但处理得朴素大方，进门处雨篷下花格的尺度与门框陪衬得相得益彰。

啊！这木料真不错，20多年了，还没有变形。

穿过了过街通道，看了理发室和当年的弹子房，后者已改作临时住宿之用。出过街楼往北，杨老还带我们寻找了后来被砍去的另外两棵大树的位置，回转身看到两边的防火梯，形式现在看来也还新颖，杨老指着它微笑着说：

就这个，在当年也是忌讳的。

参观就这样结束了。归途中，我脑海中回旋着这样一些印象：环境的设计，合理的空间组织，多功能的使用，室外空间交通组织，朴素简洁大方的立面，还有那几棵大树……我问道："这样的'方匣子'怎样解释'民族风格'呢？"

我的看法是：那种功能性为主的，如旅馆、医院、体育馆，首先强调的是使用合理，建造经济，空间组合紧凑，有准确的比例尺度。至于那些有纪念性的公共建筑，成为象征性的建筑，代表一个时代，一个国家，一个地区，那民族风格、地方风格，不言而喻，要强调一点。

同时，还需要创新！

（原载《建筑师》丛刊第1期，中国建筑工业出版社
1979年8月出版）

处处留心皆学问

（1979年7月3日）

毕业班的同学想请杨老给他们作些临别赠言。杨老欣然同意，在鼓掌声中，他开始了起来。

你们快毕业了，脑子里总会想，学建筑的今后怎样搞好工作？参加工作后怎样提高？我想，一个人应该是按照周总理所教导的：活到老，学到老。毕业后干工作也还有个继续学习的问题，这种学习是很有用的。学校中的几年时间，是为建筑设计打下学习基础，虽然学了些专业知识，但比起工作后所要求你们的，还相距很远。

到社会中去，到生产实践中去，你们会学到真正有价值的东西。为什么人们办事情，常有人会问：此人有经验吗？为什么治病总想找个有经验的医生？这就突出了实践和经验的重要性。你学的理论要用到实践中去，才真正有用，那是实在的本领。

怎么学？到社会上去！没有现在这样的大教室，却有社会的大课堂，我想送你们一句话，那就是——处处留心皆学问。

对建筑学专业来说，这句话比其他专业更有用。因为建筑设计是为人民的生产、生活服务，绝不是我们画几张图就能够解决问题的。生产与生活要求一位建筑工作者想的面宽，学的知识要广泛，图板上的图只是这些要求的部分反映。

党对建筑设计的方针是适用、经济、在可能条件下注意美观，要真正做到这一点可不容易。这句话要求我们深入体验生活，了解使用对象如何使用你所设计的建筑，他们在建筑物中，怎样工作？怎样生活？怎样劳动？设计住宅，你就要了解哪些人住？住户的户室比怎样？人们怎样居住你所设计的房间？如你设计图书馆，你就得了解藏书、借书、阅书三者的关系，这图书馆是为工科还是理科服务的？这些建筑的结构、材料如何？又采用什么方式施工？一大堆问题在你面前，你就得调查，就得到处留心。

衡量事物的标准，不是永恒不变的，不然，世界就不会改变，不会进步。为什么人的问题首先要理解清楚。前些年，我到广州，看到船民定居了，住上了新的住宅。在旧社会，他们从小在船上长大，没有机会上学。现在利用砌块，砌上住宅，室内喷上白灰，他们感到这比住在船上好得多，舒服得多，这只是一种类型的住宅。当然还有其他类型的住宅，它们要求又有所不同。有的建筑类型美观要求多一点，这就需要综合分析适用、经济、美观三者的辩证关系。这种训练，都是课堂上学不到的。

我们在工作中会碰到许多困难，会有许多经验与教训，经验丰富了我们的想象力，教训也能增长我们的学识。

我的学习方法之一就是带个小本子，一个钢卷尺，看到了好的设计，好的实例，就画下来，记下来，这是很有用的，比你单用文字记下来有用。适用的建筑，其中的空间布局，优美精致的细部，材料的特性，一一描绘下来，使你印象深刻。照片固然很重要，但亲自测绘，记录个人的体会，就不易忘掉。

你们看这教室的木窗，可以想一想，这是杉木还是松木？变形不变形？用多大面积的玻璃？诸如此类，看到一个问题，你就联想到图纸以外的许多问题。专靠查手册，那是很不够的，更不能把手册上的东西当作"金科玉律"，一点也不能变动。要学会思索，学会分析，学会解决实际问题的本领。要十分注意培养创造性的设计能力。画一张图，要想到图与图的关系，图纸与实际建筑的关系，图纸与材料、施工的关系。从图到物，从物到图，它们往返循环、辩证的关系要吃透。成功了，不骄傲，失败了，不气馁，都要找到原因，把知识积累起来。

实际的生产任务，有时看起来很死，事实上生动而可变。中医治病，还要看你的体质、脉相，再来"对症下药"；裁缝做衣要"量体裁衣"。何况建筑设计要处在许多复杂环境变化之中。

　　我们搞建筑设计的人，一定要训练脑子灵活，要富有创造性，不要把自己变成思想僵化了的"凝固体"。要因地制宜，要考虑条件的变化，从实际出发。我不赞成那一种人，设计大屋顶挨了整，设计方盒子又挨了批，就没有信心了，瞪着眼睛望北京，在他的设计中，只不过造价比北京低一点，用材比北京次一点，其他照学北京，这样我看他的设计创作没有什么希望。另一种人喜爱抄杂志，我们知道，国外杂志上登载的东西，个别实例是耸人听闻，等于在登广告，实际上大量的建筑还是讲究实效的。我们所熟知的建筑大师赖特（F.L.Wright）所设计的个别建筑，就往往被董事长、资本家们用来做广告。在美国的拉辛（Racine）约翰逊制蜡公司（Johnson Wax Co），他采用一根根伞形的柱子组成办公室，结果不密封，工人们总不断地修理，以防漏雨水。资本家倒很满意，因为它招揽了世界各地的建筑师、旅游者们来参观。参观后，公司还送你点纪念品，无形中，你就做了他们的义务广告员。对这种稀奇古怪的建筑，我们就不要受他们的影响，他们的条件是有资本家，有后台。

我们要十分重视学习国外先进的建筑理论和先进的科学技术知识，诸如新结构、新材料的运用，环境设计，环境保护，城市规划，古建筑的保护等。我们有的人一味追求"新"，求得形式上的时髦，而不是以经济、适用、结构、材料等为依据，这种"为新而新"是脱离我国国情的。我们国家是个大国，人口众多，脱离这个具体条件来谈"创新"是不现实的。澳大利亚悉尼歌剧院的设计竞赛得奖方案，是丹麦人伍重（Utzon）设计的。我曾到他家作过客，他的工作人员曾告诉我，由于这样一种方案，大大增加了预算，建设单位就起诉，伍重在诉讼中纠缠了很久。当然现在剧院是建成了，作为一个建筑作品，对它的评价又作别论。但这种情况在我国是不行的，它要花费人民多少钱财！

我讲这些干什么呢？就是需要到处留心，不论是看书学习，参加生产实践，要有观点，有准绳。这根准绳就是正确掌握适用、经济、在可能条件下注意美观的方针。

你们都是未来的建筑师，你们获得的知识就是要为人民服务。青年人要有理想，我们国家这十几年来虽然遭受了一场灾难深重的浩劫，但我们不要无所作为，而是要更加坚定信心，像一只有目标、有方向、扬帆前进、全速前进的航船。

我没能记完杨老的讲话，同学们的笔记也不完整，但他们异口同声地说："我们牢牢记住了讲话的要领，就是——到处留心皆学问"。

杨老听到这个反映后，会心笑了。

我问杨老："你什么时候养成这习惯呢？"他说：

我在小学时，对许多问题都想了解，记得我家靠近作坊店铺的后院，我看师傅们做蛋糕，用的是大平板锅，启盖要用杠杆，要抬高平移挪动；以后我学习物理课中的力矩，很快就懂了。记得在美国学建筑时，我设计过铁门。毕业后，在老师的事务所工作，参加过底特律博物馆（Detroit Moseum）的细部设计。这时再画铁门，和匠人们三番四复地讨论，看到他们的加工操作，我的体会就更深了。

有一年，我到荷兰去考察，在预应力混凝土预制构件厂参观。它加工的窗扇得和木料几乎一样，他们采用钢模，脱模平整、准确。我注意到装窗铰链要精确、要预埋，不然，怎么能将窗扇装到窗框上去呢？

杨老拉开抽屉对我说：

你看，抽屉是经常拉进拉出的，木板接榫呈锯齿形，犬牙交错，很牢固。木桌椅的腿和板的企口，有时略呈倒梯形，这都是固定木榫的做法。

中国古建筑有大小额枋，你说先架大额枋，还是先架小额枋？

北京太和殿三层台阶栏板外螭首排水是装饰性的，还是真为排水用？

你知道清式栏板和望柱接榫处有一直条吗？

说着，杨老画了起来（附图）。

我们常常一起出差，为什么我到客房时，对门把锁都要留心一下？

　　我想，一位建筑师应当有较广泛的知识，要不断地扩大知识面，从个体到群体，从建筑到环境，都要深入了解。

　　我明白了：这位老人，为什么他工作、出差，总带个小本子、钢卷尺，时常画中记，记中画。

（原载《建筑师》丛刊第4期，中国建筑工业出版社
1980年7月出版）

源远流长

——谈传统民间建筑的创作

（1978年10月）

问：你对传统民间建筑的创作有什么看法？

杨老沉思了一会说：我国古代建筑具有优秀的传统，它自成体系，在世界上独树一帜，在东方各国也产生了深远的影响。传统的民间建筑可以大体分成两类：一类是庙宇、祠堂、观、庵等；另一类则是民间的居住建筑。前者与都城的宫殿庙宇、陵墓有关，又与地方民间建筑相联系。而民居则是数量广大的人们生活聚居的建筑，它们都是劳动人民长期建筑创造的成果和成就。对建筑文化而言，也是我国优秀建筑文化重要组成部分，是劳动人民智慧的结晶。

我们国家幅员广大，民族众多，社会、经济、地理、气候、建筑材料、自然环境、风俗习惯差别很大。各地的传统建筑适应了这些特点，各有自己独特的风貌，平面布局，建筑群体，营建方式都表现了多种多样，丰富而奇丽的建筑风采。

如果说都城中的宫殿建筑受到封建礼法制度和法规约束和限制，那么民间的传统建筑是能较主动地、多样地适应地区特点来进行创造。自古以来，帝王和平民的建筑是有严格的等级差别。明清时的北京城，宫殿用黄色琉璃顶，一般王府的屋顶用绿色甚至黑色。老百姓的民房用的是灰瓦，而且还不许建两层。记得当年站在北京的城楼上，看到的是一片绿海，树比屋高。城中心则是金光闪闪的琉璃瓦顶，古城显得严整、统一、和谐，这是帝王的意志。即便如此，各地区，少数民族的传统建筑仍有许多创造，从建筑布局或是建筑细部、窗格、栏杆……都可看出其特点。多样灵活的空间处理，活泼生动的姿态都具有巨大的创作精神，其优秀建筑处理手法亦值得我们今人研究参考和借鉴。研究现存的传统建筑，我们必须从使用价值、历史价值、艺术价值等三方面来考虑，以丰富我们的建筑理论。在方法上我们还可以从经济的、历史地理的、人文的、社会学的观点去考察，并从个体到群体。一句话：即达到"古为今用"。

问：在这些建筑的创作中，民间的匠师、匠人起着什么样的作用？

答：我认为，当时当地的民间匠人是起作用的。如若某一匠人在某幢建筑上的样式有点创新，格调优美，那么附近的匠人就会来仿造。结果，有的建造得差些，有的还可能建造得更美妙。久而久之，渐渐地形成了一个地区特有的做法和风格。这就像地面上的流水，有的渗透到地下消失了，有的却汇成了河流。可以说，在人类历史上遗留下来的建筑文化，难道不要想到那些之所以能够保存的特定的条件。没有一批匠人的工作，地方的建筑艺术怎么能够得到发展呢？

问：你对各地的民居，传统的建筑风格和艺术有什么看法？

杨老笑着回答说：浓郁的地方建筑风格，常常使我入迷。想到九华山结合山势盖的寺庙，武当山的太子坡、南崖的寺庙（宫和观）以及浙江、福建、四川、云南的民居，真是庄丽而清秀。常常有这样的情况，四平八稳按规划来处理，往往缺乏创造性。记得我们参观北京恭王府的后院，屋顶细部就不甚寻常，可见王爷的眼皮下，匠人的手艺还是可以表现在那点可以自由处理的地方。在这些地方可以表达匠人的志趣和爱好，匠人的匠心就刻在建筑物上。我认为一切对人类有益的建筑艺术，绝不是随心所欲地创造出来。匠人和匠师们必定要在前人的基础上进行创造。各地区、各民族的审美观和表现手法既有共同点，也有其独特的个性。建筑艺术愈具有地方色彩，愈具有民族的特点，愈为人民大众所承认。民间传统建筑艺术的发展是不能割断历史的，只有从当时当地的具体条件去创造去发展才具有那个时期的时代感，才会有真正的艺术价值。由此引申到今天的创作，我是同意童老（指童寯）在《新建筑与流派》一书的序言中提到"西方仍然用木、石等传统建筑材料来设计成具有体现新建筑风格的实例。日本近三十年更不乏通过钢筋水泥表达传统精神的设计创作。为什么我们不能用秦砖汉瓦产生中华民族自己的风格？西方建筑家有的能用老庄哲学，宋画理论打开设计思路，我们就不能利用固有的传统文化充实自己的建筑哲学吗？"撇开一切历史的文化传统，一味地去"创新"，我是不赞成的。

问：民间建筑文化的交流，对建筑创作的影响，你认为如何？

杨老说：匠人与匠人之间，建筑师与建筑师之间，在建筑创作中是相互影响的，是互相取长补短，有时可以从中得到发扬。他们之间，有的虽然在政治上、宗教上有差别和不同，甚至各有其学历和工作经验，包括社会背景，但总会相互影响，在总的建筑风格上引出不同的艺术色彩和格调。赖特早年来过中国、日本，他的建筑艺术风格受到东方的影响。我赞赏他的一些作品，那是比较有文化的。文化的交流和流传，往往是潜移默化的，而相互之间又要受到熏陶。

问：那么时间的因素对传统建筑的创作有什么

影响？

答：我曾这样想，大自然和时间是调和剂，有的建筑虽然当时设计和建造甚是一般，风吹、日晒、雨淋，年深日久的侵蚀，加以"加工"，它和周围的环境与自然会慢慢地协调起来。这同当时生产发展缓慢，建筑发展迟缓有关。

民居的创造性是建筑历史文化的表现，是人民的创造。从地区的历史、地理、风俗习惯以及建筑的特点去研究去探索，是十分有意义的。创造性是要有一定的文化和艺术素养。国外有的古代大教堂是一代代的修建，中国古代的庙宇也是在一代代地增添。日积月累，大自然、人工的，加时间的，物质的，精神的就会产生一个个时代的建筑风格。可以设想，当时对建筑的样式也许会有种种非议。随着时代的变迁，它们一幢幢都染上了调和剂，它们都反映了总的过去的时代，刻画出时代的印记，谱写了建筑历史文化。

我有时又想，民间的创作相互取个大概其，即大体是那个模样，似像而又非像，这就容易跳出那原有的艺术形式，做学问要钻得进，跳得出。手艺高的匠人，在劳动实践中，熟能生巧，巧又变换出各种艺术处理手法。他们熟悉他了解的对象，就会不断地去琢磨和推敲。杨老想了一会又说：苏州寒山寺背后有一座楼，设计得饶有趣味，民间的创造形式丰富多彩，使用上合理，尤其与生活息息相关，依据有限的人力、财力和物力，用经济有效的办法，尽善尽美地使建筑达到功能和审美的要求。它们随着地形、用材、环境的变换和限制，迫使匠人构成一些奇妙的建筑布局和建筑样式。我在设计和平宾馆时，由于用地的限制，工期短，就逼着我设计庭院前茶室的抱厅。再讲细一点吧，明代的须弥座式样，南京明故宫的式样，那正是立国之初经济不那么富裕，所以线刻比较平缓，待迁都北京后，故宫的弥须座的线刻就变了，几乎有点像圆雕。当然石料的质地也是个重要因素，因为南京的石料粗，而北京用汉白玉石料细。不信你看太和殿前垂带的石刻花纹，鼓出的龙和凤，其造型栩栩如生。在建筑实践中，艺术的创作水平，有时不一定同时代的发展直接画等号。

问：现代建筑的发展，对那传统建筑，特别是手工操作的建筑艺术会产生什么影响。

答：现代大工业的生产，现代化的施工，新的建筑功能，新的材料的变化，带出了许多新颖的建筑式样（有的不能不说是有点稀奇古怪）和新的建筑流派。新陈代谢这是必然的。但是许多人们的心理对那些手工艺的创造，还是有着不可思议的迷恋。因为它是用于手工劳动的。人的手工劳动反映了劳动者的艺术观点和爱好。我想用手工操作所创作的古代建筑文化，它很自然地留在人们的心目中。某种意义讲，手工创作的建筑文化，人们会永远保存它，为什么呢？因为它接近人。作为有创见的建筑师，他必须看到时代发展的总趋势，要为人类创造更新的建筑文化而努力。他要学习优秀的建筑文化，学习更新的科技知识，学习一些自然科学和社会科学发展的新知识。

问：你能从传统建筑的创作引申地谈到建筑创作中建筑风格问题吗？

答：我想着说吧!

Style（样式）往往是个古怪的东西，它给人们以印象，给人们以爱好和习惯，还给建筑带上了地区的特征。同样的建筑材料、地理环境、气候条件，也还会有差别。记得在国外旅行，坐着车子一站站地停留，你会看到一幢幢尖塔教堂，乍一看，像是一种样子，但不全都一样。如果你熟悉的话，你会辨别出是哪一个城镇的尖塔，甚至能称呼出它的名字。我国各地的清真寺，不也是这样的吗？风格吧！就是以它所表露出来的形象寄寓在这种特有的样式之中。

风格、样式——使人们对建筑艺术具有强烈的吸引力，以及它一旦形成，人们往往会在一个时期、一个阶段去顶礼膜拜。我们建筑师的任务就是要有鉴别能力，在建筑艺术处理上，吸取那些合理有素养的，摈弃那些庸俗而又低劣的，这是不容易做到的事。现在你们设计的柱子总将柱基收一下，而我做学生时，设计柱础时总向下扩大。真好像太上老君给孙悟空头上戴上紧箍咒，是不容易脱下的。许多著名作曲家，他们的乐曲来自生活，来自传统，来自民间，演奏起来余音绕梁，一个时期一个时期在人们中流传。不同的名曲在不同的演奏家手中，会有不同的水平，好的演奏家还会带出新意。

至于谈到建筑风格，我想，像我们这样一个大国，地理幅员广大，各地环境有许多差别，建筑用途、经济的发展，生活水平也有很大差别，不可能设想用一种建筑风格来概括一切。建筑文化必然在一个历史发展中汇成一股主流，像滚滚长江，它有许多支流，有的支流水土保持得好，水流是清的；有的差，则是混浊之水；有的支流还会干枯。但在一个流域中，水流总是汇聚在一起。时代发展又是交替的，经济发展也是综合的，加之科技文化的影响，所以建筑风格总是有主流，又是多样的。

我还认为民间建筑，在一个历史时期，一个国家，一个地区，在生产、经济发展到一定的历史条件下，当时的建筑设计，总是适应当地社会发展总的需要，不然它怎么能够得以生存。他们总是得出当时当地的建筑风格。至于相互借鉴，那是十分必要的。在民间建筑中，诸如各地所建的会馆，江西的、河南的、浙江的，它们总会带出他们原有家乡的建筑风味。

至于今人的创作，我看不论是国内，或是国外，大量的建筑是普遍的、合乎常情的，至于那种离奇虚无颓废的只是少数、个别的，这是生产、生活，经济的条件和实践决定的。我不大相信到了2000年以及更长一些时间，人们都住上三角形、八角形的房子。青年的学生，青年的建筑师，你们参加实践一定要遵循符合国情这一原则，从最基本的做起，总不能一开始从事设计就想当个赖特。

建筑群中的新建与扩建①

在建筑群中，如何处理好新建、扩建工程的建筑造型艺术，是个复杂的问题。它常引起人们争论，这里整理和记述了杨老的观点。

记得，有一天快下班了，他仍和上海市民用建筑设计院的同志们讨论上海市图书馆的扩建工程。

他说：要重视建筑群在环境上的协调，要做好环境设计。一幢建筑的扩建如在规模上不压倒原有建筑，那还是用"折中"的手法为好。

在我的建筑设计实践中，有这么一些例子。清华图书馆早年是Murphy设计的，之后我照顾到原有建

---

① 口述时间不详，齐康记述。

筑风格，设计了主厅和侧翼，一气呵成，联结成一幢整体，还组织了周围的建筑环境[1]。再以我们南京工学院为例，1931年建的图书馆两翼，以后又在大礼堂建两翼，建筑系建两翼，都是从取得原有建筑相协调的手法来设计的。这些建筑处理手法，我采用仿西方古典的建筑形式，而不是采用现时新的形式。这三幢建筑有的是中华人民共和国成立前设计的，有的是中华人民共和国成立后设计的。建筑系的两翼是大教室，为便于采光，窗子开大一点，朝西朝东晒，就在窗头上加遮阳檐。这三组建筑在群体上是协调的，但仔细观察，不论用材、开窗方式，都与原有的建筑有所区别。

这些协调的处理手法，总的保留了原有的"气氛"，但细节可以根据不同的建筑功能加以变动，而不是一成不变地模仿。

这也不是说不可变更的，可运用对比的手法。美

---

[1] 由清华大学关肇业教授设计的新扩建工程，同样注意了与原有建筑的协调——齐康注。

国Ohio，Oberlin University，由于科学实验发展，需建造种种实验建筑。这些建筑由于科技日新月异的发展，建筑造型不可能与原有建筑取得一致的格调，新建的就是新的手法，原有的就是过去的式样，但设计者仍然只能在统一的群体中力求达到环境上的和谐。

我想，协调在形式上有渐变也有突变，人们的心理，总是想渐变的好，但也不排斥有突变。

建筑群中的新与旧是个不可避免的矛盾，这因为时间不同，功能性质不同，施工材料和方式不同，必然会在形体上有变化。设计时还要考虑原有群体地上地下的工程设施、自然、通风、日照、地形，这就会有种种不同的处理手法。当我们认识到要重视环境的协调与和谐，方法问题显然是个重要手段。

北京鲁迅纪念馆工程，保留了鲁迅旧居，这处理是好的。它使人们回想起当年鲁迅工作生活的情景，但新建馆又要扩建，怎么办？王冶秋[1]找过我，我建

---

① 王冶秋，当时任国家文物局局长。

议他在后面连接呈"工"字形。这样在施工阶段既不影响平时的展出，又不影响景观。我总想，扩建、新建工程应尽量不影响原有建筑的使用，处理好建筑功能使用上的"周转"。

扩建、新建在世界建筑史上内容是十分丰富的，手法也是多样的。我到过苏联格鲁吉亚斯大林的故居，设计人员将旧建筑包在一座大型建筑内，整个故居就是一座展览品。而列宁故居采用的是另一种手段，他们用新建展览馆将故居围合起来，透过柱廊看到故居的一角。

联系新旧建筑，有的采用围廊，有的利用绿化，甚至运用地铺面、水池等，以及有时在方位上错落，建筑群的高低变化，往往使观赏者可以取得奇妙的景观。问题是设计者的"匠心所致"，而不是在"填"房子。

我认为，建筑物的体量、造型、建筑外形造型的质感、色彩等是与原有建筑协调的关键所在。此外，还有新旧建筑距离之间的关系亦应在考虑之中。

　　正好像世界上其他建筑艺术处理一样，新旧建筑的关系有许多成功例子，也有失败的教训。在群体中处理新旧建筑往往是"一着不慎，全局皆失"。莫斯科克里姆林宫内新建的会堂，可以说与原有建筑群没有一点协调的地方，简直是在群体中来了个大杂烩。而克里姆林宫墙外红场上的列宁墓，设计者舒舍夫将中国墙、钟塔、广场，处理得却是十分成功。肃穆的陵墓、古老的城墙、塔楼，从体型、色彩上都一气呵成，这是个好例子。我常这样讲，一位建筑师在设计和处理完整建筑群中的新建与扩建关系时，有时并不一定需要表现你设计的那个单体，而要着眼于群体的协调。即使在群体中让你设计一幢重要而突出的建筑，你也不能不照顾到全局，而要把建筑环境作为你设计时的客观因素之一。

　　归纳起来讲，建筑处理手法不外乎有三种：

　　一，新旧建筑在建筑造型艺术上取得大体上的协调，这要先从分析周围环境、建筑使用功能入手，求得"大概其"，这是我所主张的。

二，新旧建筑采取对比的手法，如处理得当，也是可以的。这要求设计者能分清新旧建筑的主次和重要的程度。

三，新旧建筑取得完全一致的作法。要做到这一点是困难的，也不是不可以。

最近，我看了《Architectural Record》上刊登的华盛顿美术馆扩建工程，其用地平面是三角形，地面又是个缓缓的坡度，建筑物扩建的东厅，处理得是有道理的。原有的馆是采用圆拱顶对称的古典式样，矩形的，新旧建筑之间的联系运用地道，这就将新建的翼与原有建筑分隔开来，新建的三角形的Motive，其手法完全避开古典手法，而墙面、建筑用材、体型大小，却与原有建筑相呼应。在这样一个难题中，不能不说这组建筑群是有创造性的。

建筑之于地形①

（1979年10月29日）

孩子们十分好奇地在张望，时而发出笑声，有几位上了年纪的老人会神地凝视，不时地默默点头。大家围着一间半敞开的茅屋，倾听屋内的居民点规划讨论。他们十分关切，在他们的村子里又将发生些什么？

讨论会结束了，杨老沉思地对我说：

近来，我总想着一个问题，我在几个场合发言总想"废除"丁字尺和三角板，可总废不了啊！

我不甚理解其意。我想，要规划，要设计，丁字尺、三角板怎能不用？

---

① 编入本书时将原题《丁字尺、三角板加推土机》改为《建筑之于地形》——齐康。

　　事情是这样的，1979年7月9日江苏溧阳地区又地震了。部分公社、生产队遭到较严重的破坏。在党和政府的关怀下，广大农民坚持抗震救灾，重建家园，逐步修建一批农村住宅。江苏省建委十分重视这项工作，于10月29日组织有关建筑专业人员来到现场，讨论了规划和建筑。杨老对农村居民点规划不结合地形很有看法，他在讨论会上说：

　　我不赞同在这样的自然环境中，用丁字尺、三角板打成方格画出来的规划设计。

　　刚才我们踏勘了两个村子。山脚下的那个村子，自然环境那么好，破坏亦不甚严重，可在原地翻修建新。你们想：自然村中每家每户都有竹园，整个村子新建后，有朝一日会像个花园。而这里破坏严重，可利用原有的坚实地基恢复。农村居民点规划要考虑居民生活的要求，不求一律。农民的住房有多有少，有高有低，仍然可散散落落地布置在绿树丛中。

　　建筑规划中的道路、建筑一定要结合地形，宜乎自然，不失原有自然村落的风貌。拖拉机的道路略为取直。而村舍之间的小路，要考虑现状、水塘、地形，可曲折自如。水塘是局部地段的积水处，没有必要全填平。能保留一些不好吗？大自然的地形，其形成是有个过程的。它的高差，构成天然排水，一旦你改造了，就要牵动这一局部的整体。规划与建筑布置可自由些。从这观点出发，不看地形，单凭丁字尺、三角板画，怎能行，我主张废除！

农村居民点的规划，各地不一。山区的、丘陵的、平原的、水网的，都有自己的特点。而农民的生活习惯也因地而异。自然村是农民祖祖辈辈居住的地方，所以采用什么样的布置方式，要多和大家商量，不然群众不满意，规划的实现有阻力。墙上挂的规划图中将住宅排得那么整齐，像练兵一样，真像两千年前罗马人的兵营（图1）。这种布置，弄得不好，小孩有时会迷路找不到家。听说某地一天夜晚有个小孩找不到家了，在别人家的空床上睡了一宿（笑声）。

住宅和畜舍相互要有一定的间隔，不能不讲卫生。要从建筑设计入手将前后院的功能分开。我们

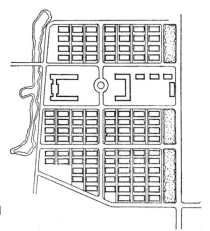

图1 溧阳县（现溧阳
市）某村规划示意图

用丁字尺、三角板的头脑去思考问题，把一切都定下
来，就会像下棋一样，变成了"残局"（笑声）。

农村的经济政策必然会反映在居民点规划中。一
幢屋两家前后有院是可以的，可不能划得那么死。即
使六间的农舍，为什么不可前后错落？建筑的长度也
可长可短。各家有自己的要求，你结合现状、绿化、
地形，就有了住家的气息。把整个新村的建筑风貌建
设整理得像杏花村、百花村、桃花村不更好吗？

苏北有的农舍结合河网水利规划，将建筑一字排开。而这儿有那么好的自然环境，没有必要抄那个样子，更无必要建成"一条龙"。

我年纪大了，可能思想保守；看到用丁字尺、三角板画出来的规划图，特别是用在这样的环境里，怎么也不是滋味！

杨老和我继续讨论了建筑布置与自然地形的关系。

我说："1957年我曾去包头参观，住宅区的道路不结合地形，搞了'土方平衡'，较大面积地调整土方。其结果道路两侧的余土堆得像土丘，住宅建筑只好在土丘后面修建（图2），相当一段时间给居民生活带来了困难。常常是这样，在图面上整齐有序，而实际建造却高低混乱。"他回答说：

那些年，外国专家来，有的不了解我国的国情。规划时，逢山找对景，逢路拉直线，漠视建筑现状和自然环境（图3）。对他们的设计，我们的专业人员是有想法和看法的。记得1960年我到苏联去参观，遇见

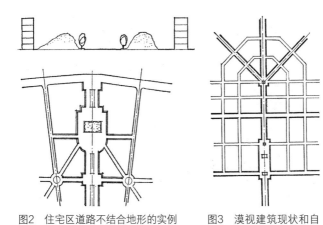

图2　住宅区道路不结合地形的实例　　图3　漠视建筑现状和自
然环境的城市规划图

了他们。当时我想，他们对在我国城市规划中画的方格、轴线，将作何回想呢！

　　你如有兴趣，可以研究一下这个课题。古今中外建筑有许多结合地形的优秀范例，认真总结归纳，可使青年学生将来参加工作后不致犯那种脱离自然地形条件的错误。

　　南京中山陵是个好的设计，可是大门两侧的小配屋像是倒在地坪之中（图4），与主体不相协调。为什

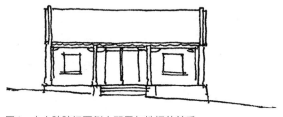

图4 中山陵陵门两侧小配屋与地坪的关系

么中国古代建筑群体就没有这种错觉呢？

　　山林中的寺庙，如北京潭柘寺、戒台寺、杭州的虎跑、福州于山的戚公祠、鼓山的涌泉寺都是密切结合地形的实例。戒台寺从沿山坡的侧向入口，虎跑是两条结合地形的轴线，它们的内院主体建筑仍不失庄重、秀丽的空间感受。中国古代的建筑群体，其封闭空间运用了层层院落、层层台地、左右错落、互相圈套，人们渐次而上，建筑布置即使有曲有直，你仍然感到那么完整。我们不是到过马鞍山采石矶的太白楼吗？你哪里会想到它是依山坡而筑屋的呢？庭园中的台阶石级，四周的回廊，将空间、建筑、地形拧在一起，艺术效果是那么好（图5）！

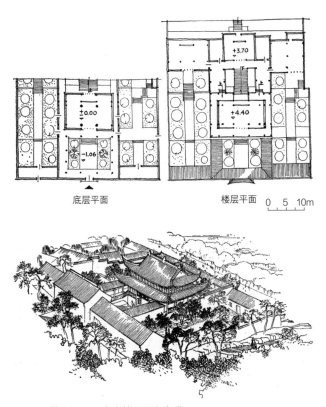

底层平面   楼层平面   0 5 10m

±0.00
−1.06
+3.70
+4.40

图5 马鞍山采石矶太白楼平面和鸟瞰

国内外处理坡地、布置建筑有许多共同之处。希腊雅典卫城、文艺复兴时期一些欧洲的广场、意大利的园林建筑均筑台阶沿坡而上。现代建筑中，不论住宅区或公共建筑群都有许多范例。日本丹下健三设计的体育馆，新结构造型不仅具有日本传统建筑风格，而且与自然地形也结合起来。如果我们有些人来设计就会用推土机把它推平。

要知道地形对于城市居民点、建筑群以至于单体设计都是重要的。地形对于城市的结构、形状、用地和发展起着积极的影响，它影响城市景观、植物、地表、地下水、土壤、小气候，以至城市工程和城市运输。我们如果稍加了解和研究一下城镇居民点的发展史，就知道它对居民点的选址也是有影响的。

古希腊和希腊化的国家在这方面是有成就的。如克利特、别尔加姆等古城，它们往往在高处筑卫城和城堡，用以防御和挡风；在山腰处布置公共建筑和商业中心；而在较低的山坡上修筑住宅建筑。那时就开始用挡土墙使城市逐步规则化。他们已懂得斜向修筑梯行道和缓坡修筑平行道的道理。中世纪的山城城堡为什么常被形容成"美丽如画"（picturesque）？除了它的绮丽的建筑造型外，很主要的一点就是结合地形。

国内外处理建筑与地形关系也有着很多的手法。诸如利用地势筑斜廊以联结高低差的建筑，利用正面、背面、侧面不同标高以处理入口，利用高脚木框架合理布置建筑的标高，或做成台阶式以争取户外空间（图6）。真是千变万化，而不是千篇一律。当然，我们在解决建筑与地形的关系时，一方面，要巧于因

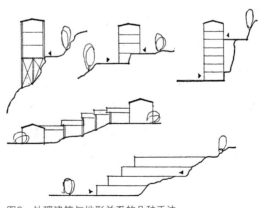

图6　处理建筑与地形关系的几种手法

借，另一方面，工程地质，排水、管网、绿化等问题也切不可忽视。

结合地形的建筑处理不只是指外部的建筑空间，而且包括内部的建筑空间。例如，在一个公共大厅中有几步台阶，或同一空间中地坪有错落等。这也会丰富建筑的空间艺术。再如几个空间不等高的处理方法也是常用的。这些处理手法你也不妨研究一下。

建筑环境对于人们的生活、工作都很重要。自然坡地构成了特定的建筑环境。有利于构成具有特征性的建筑艺术形象，给人们以很深的印象。你把建筑布置在地形突出的地方如山峰、山腰、山麓；或将成群的建筑散成扇形，曲折有致，环绕着坡地；或使建筑的造型与地形的特点紧密结合，互相呼应；甚至用大片树丛间隔布置，都能取得使人难忘的景象。

我讲了这些，你会理解我"废除"丁字尺和三角板的真正含义和心情。当然，搞建筑设计，画设计图，还是需要使用丁字尺、三角板这一绘图工具的。施工现场有时也离不开推土机，我这里强调的只是要

人们重视建筑环境——大自然的地形。你再看看其他
一些农村规划（实例和方案）（图7），你就会体会到
丁字尺、三角板加推土机会给我们带来一种什么样的
感受。

我说："我看到也还有一些设计得较好的例子。"

杨老说：

唉！人类历史上，从散居到聚居经历了一个历史
过程，从聚居到懂得用方格网来规划城市和居民点又
是一个历史过程。方格网随着城市交通、住宅类型和
聚居形式的不断改变而改变着它的内容和形式。但久
而久之就被规划者作为一种模式，不管自然条件、环

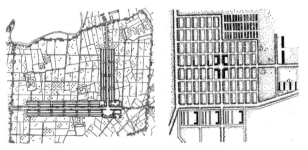

图7　用丁字板、三角板"打"出来的农村规划

境、地形、地质的变化，不加思索地采用它。人们创造了方格网的规划形式，而方格网的形式却束缚了人们的思想。好在人们的认识必然要经过实践去发展。那种套用固定形式的时期是会得到人们的鉴别，随着时间的推进，会有更新的发展。

附记：近年来我出国访问、调查，认为方格网的道路系统使用要因地制宜——齐康，1990年10月。

（项秉仁、李芳芳绘插图）

（原载《建筑师》丛刊第5期，中国建筑工业出版社
1980年12月出版）

仙境还须人来管[①]

武夷山的风景是那么绚丽，那么奇突，杨廷宝老教授在离开武夷山时，挥笔作诗，留下这样的诗句：

游武夷山，陶醉于大自然之美丽，奇态殊非凡境，悬崖结屋，实系仙居，有感。

桂林山水甲天下，武夷风景胜桂林。

幽涧奇峰行画里，蓬莱何必海中寻。

看了杨老的诗，我问杨老："难道武夷山的风景真胜桂林吗？"他十分感慨，再三说：

可惜桂林的风景由于工厂的污染，建筑缺乏规

---

① 1979年9月杨廷宝口述，齐康记述，赖聚奎参与素材整理。

划，景区大为逊色；杭州的西湖、太原的晋祠等都付出了昂贵的学费，不知有关的领导和规划设计人员能否从中吸取教训？我们常常是好心办坏事。武夷山这美景，真像手（首）饰上光耀夺目的宝石，如不掌握风景区建筑规划和设计的特点，真耽（担）心不要几年就要重蹈其他风景区的覆辙，给珠宝抹上灰暗的尘土。

是啊！祖国大地还有许多自然的"仙境"，仙境正需人来管（图1）！

1979年9月21日

午后，我们自福州乘火车去南平。列车沿着闽江而行。这一带，风景秀丽，富于色彩的山峦连绵不断，景物宜人。时近黄昏，蓝灰色的群峰，闪亮的江水，急流中的行舟，深褐色的礁石，如一幅幅名家所作的山水画。我对杨老说："我们真是画中游。"杨老说：

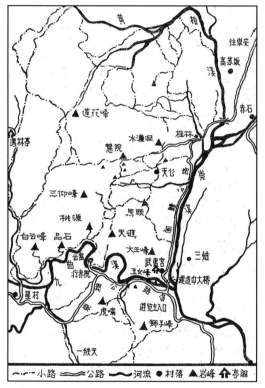

图1 武夷山主要风景点示意图（赖聚奎绘）

不如说仙境游。看了这风景，高楼大厦不想看了，这也许是我的一种癖好。福建的自然景色，名胜古迹，可称得上山清、水秀、人杰。俗语说：上有天堂，下有苏杭。这儿超过苏杭。福建的山川、港口、气候、地形、名胜古迹可为发展生产、扩大外贸和开展旅游提供得天独厚的条件。我们要利用大自然来为"四化"服务，这是我们一代人的职责，我们只有为子孙后代造福的责任，绝无败坏她的权力。

列车在行进，景色在变换，时而峰回路转，时而蜿蜒挺进。我说："曲径通幽，这句唐诗，细细推敲，往往是佳景所在。"杨老回答我说：

动听悦耳的音乐，往往只是一瞬间，好风景却是瞬息万变的幻景，是时间上、空间上我们指画不到的境界。而我们能画到的，只是佳景的"次品"；你看那风景转折，霞光透过迷雾，这一瞬间多么奇妙。大自然是我们学画的好老师，大自然中的民居，是我们进行风景建筑设计的好素材，要受到它们的熏陶。

到南平，暮色降临。晚饭后，陪同的同志请杨老对南平的旅社扩建工程提意见。他边看方案边说道：

福建省是我国主要侨乡之一，随着旅游事业的发展，回国探亲、观光的侨胞和外籍游客必然越来越多。因此，新建和扩建服务性的旅馆也必然会不断增多。应根据城市性质、规模、条件、环境，因地制宜地建造不同类型、多种形式的旅馆。现在，从南到北建筑造型是一字体型、水平线条、一种模样，高层旅馆固然要，但考虑我国目前条件，最好采用多种手段，通盘规划，以满足旅游事业的发展需要。盖一批低层、少层的旅馆，或者可以修缮一批民居，加以改造，外表是民间式样，内部可以设置必要的设备，甚至可以在近风景区的地段，就地取材，因地制宜，建造富有地方特色的旅馆。

我看过几个城市的旅游旅馆的方案，造型上千篇一律，好像都是从国外杂志中抄下来的"摩登建筑"。我认为，建筑造型和内部装修都要有地方特色。吸取国外经验，一定要注意国情。尽可能采用有地方特点的建筑材料，丰富室内外的建筑装修。泉州的石雕刻、福州的脱胎漆以及竹木工艺，都可以作为装饰手段，加以发展利用。福州新建机场会客室里的竹器家具，就很有特色。这些民族风格、地方色彩对久居海外的侨胞，还能引起怀念故乡的感情。从这些方面看，都值得重视……

1979年9月22日

早餐后，我们发现昨晚讨论扩建工程的方案中，要锯掉一株老榕树。主管的同志说："这种树，在我们这儿多得很，不算什么！"杨老睹物生情地说：

人有不幸，树也有不幸，这株树要是长在上海，就成了宝。下次来，如能见到这株树，我要好好庆贺，如看不到，那可要深感惋惜了。树木，特别是一些古老、名贵、姿态优美的大树，不是一年两载能长成的。设计人员要爱惜它，充分利用，有机地组合到建筑中去。

我们乘车去武夷山。清晨的空气非常清新，茫茫银雾，将沿途罩上层层薄纱。山岩旁的树丛、民居时隐时现。溪水湍急，闪闪发亮。杨老对我说：

　　风景区有时是不能人为划界的，真要搞好景区规划与设计，是与四个现代化建设分不开的。国家富强了，人民生活、文化水平有了很大的提高，景区的建设才能达到应有的水平。要把旅游当作事业来搞。

　　三小时后，大王峰显现在我们的眼前（图2）。

　　九月下旬的天气，仍然那样炎热。午餐后，杨老即作画。一峰独耸的大王峰录在他的画本上。

图2　大王峰（杨廷宝速写）

游云窝，起始山势较缓，在乱崖中宛转有路，山壁峭绝，高约400米，长里许。杨老说：

我虽曾游黄山，登泰山，未曾见此景象。

壁前有二亭。其一新铺琉璃瓦，刷上了红绿漆。杨老笑着说：

游人到这儿来，要看的是真山真水，而不是看你的建筑，刷上大红大绿干什么呢？我们不能把设计城市公园的那一套搬到这儿来。

我们登山再上一层，见一新建竹亭。杨老说：

这种就地取材的做法可打一百分。

我说："可惜柱子尺度高了些，"他回答说：

那就打97分吧！刚才那个琉璃亭只能给59分。为什么不可用民居的方式在这儿建造，这儿又有当地工匠。

陪同的同志说："我们想在水边修个食堂、茶室，那边修个水榭，您以为如何？"杨老回答说：

风景区设置建筑要十分慎重，因为它是大自然的陪衬。如果功能上没有十分必要，尽量不要把服务设施引到景区中来。建了大食堂，临水就要污染水面。在艺术造型上，要美观，艺术性要强，要有个性。设计人员要有相当的艺术素养，在没有把握的情况下，可以建造一些临时性或半临时性的建筑。现在建造的竹亭、茶室不是很好吆！不要一上来就用钢筋混凝土建造亭子、廊桥，漆上大红大绿，盖上琉璃瓦，这样无非是年终上报花了国家的投资，既费钱又取不到好的效果，这叫"事倍功半"。

同志们请杨老作画留念。

1979年9月23日

上午，游天游。

路途较远，山势较陡，陪同的同志问杨老："你高龄了，登山行吗?"杨老笑着说：

行！登山，登山，就是要自找麻烦，想坐在沙发上图舒服，就不必来了。

我们回头极目远眺，山峰间透过原野。导游说：

"原来那一片全是树林，全给砍掉了"。杨老说：

这就像我年纪大了，头顶秃光，山林树木要保护，要拯救，快造林。听说为了种武夷茶——大红袍而砍树，得不偿失了。

半途中有一休息路亭，青平瓦、土坯墙、民居的风格，甚朴实。杨老坐着休息时，对大家说：

这朴素的民间路亭，就不一定要拆除，它比山下那琉璃亭要好多了。

但他又叹息地说：

这事也难啊！大自然的美景、山野处，人工造的太多就无味。可说不定哪一天来了一位不平凡的人，说："这太简陋了，你们给我拆！拆！拆！"于是他指示设计人员说："你明天给我交张有气魄的建筑方案来！"我有时这样想：地位高的人，不一定欣赏水平就高；也有另一种情况，有人喜欢拿着不平凡的人说过的话来行事，他也会说："给我拆！拆！不拆旧的怎有新的。"这就像福州喜欢砍树的人一样，使人啼笑皆非。要知道，艺术欣赏是一种素养啊！

登天游，远望大王峰、天湖峰、并莲峰、九曲水溪，尽收眼底。杨老说：

这里登高远望比桂林漓江宾馆顶上远眺有意味。这儿山景气势磅礴，使人心旷神怡。而上下景色曲曲弯弯，过了一景又一景，不知有多少奥妙？

天游胜景，名不虚传！

下午，我们自星村乘坐竹筏顺九曲溪而下。竹筏盘绕峡谷中15华里，山狭水转，忽而水平似镜，忽而急流湍湍，水贯山行，丹崖凝紫，碧水泛烟，山水之美，兼而有之。导游边吟诗边介绍沿途胜景和神话故事，杨老边听边作画。有位同志说："说不定哪位不平凡的人来坐竹筏时会指示说：'竹筏不现代化，要改作汽艇。'"杨老说：

不，游客到此就是要坐竹筏。缓慢的速度，可以慢慢观赏那天游峰、仙掌峰、大藏峰、小藏峰，还有那明丽动人的玉女峰（图3），以及那巍然耸立的悬崖峭壁……

我们至"水镜"，下竹筏。

图3 玉女峰（杨廷宝速写）

1979年9月24日

游桃源洞。

此处秀石林立，流水淙淙，深邃清凉。至洞口疑是无路，进入洞口豁然开朗，浓荫竹翠，景物幽雅。开元堂内后院的建筑，空间处理自然，室内外空间穿插流畅。杨老对我说：

中国建筑是木构架。所谓"空间组合"在实践中、民居中、庭园建筑中，佳例很多，自古有之，要认真总结。

杨老看到涧旁石级修得整整齐齐，就说：

山间的石径修得不错，但要根据地势、山野景象，可宽则宽，该窄则窄。小道与地貌应大致取平，便于保护游人安全。人工修筑的小品尽量与大自然融为一体。路边爬藤不妨碍通行，保留下来，有什么不好呢！要宜乎自然。

午后，至水帘洞，路口正在炸山石而筑路，杨老惊叹地说：

炸山填谷，结果陡峻的山岩、幽雅的峡谷都破坏了，那就大煞风景了。必要的道路是要修的，十分必要的情况下，可以规划单行线，适当的地段设交会点。想当初，山势挺拔，曲折迂回，景色定然比现在美丽。

至洞处，崖顶斜覆而出，是武夷山最大的岩穴。泉水从峰顶奔泻而下，散作万颗轻霏，微风吹动，左右飘洒，又一奇观。

傍晚，自武夷山回崇安。沿途错错落落散布着民居。闽南和崇安武夷附近的民居，都有浓郁的地方色彩。民居的平面布局出自功能需要，立面造型立足于空间处理，很少矫揉造作。它简朴、大方、丰富、活泼。杨老十分欣赏这些民间匠人的创作。他若有所思地说：

风景区的建筑，不妨多采用一些民居的手法，也能作出好的作品，通过创作就会产生一种独特风格。有时，没有建筑师还好些！各地的风景建筑不能全一个样，不要相互抄袭，抄袭就没有特色。设计人员要从民居的优秀部分吸取营养，取其精华，弃其糟粕。民间有许多能工巧匠，他们也是建筑师。风景区的古迹更要保护好，修缮好。风景区的建筑是艺术品，不能单纯用指标、平方米作依据，也不能单靠丁字尺、三角板，而是要结合实地环境、地形和地貌来进行设计。

　　广州的佘峻南、莫伯治两位建筑师对怎样设计风景建筑给我上了一课。他们认为：在复杂的地形条件下，先是踏勘地形，结合自然地形，布置以建筑的形状：方的，圆的，然后再来考虑路的设计。他们说："没有想不出来的路"，这样就逼着你动脑筋想办法，我看，这也就是创造发明。

1979年9月25日

　　上午，参观武夷宫。随着讨论拟建宾馆选址，杨老对风景区的规划设计提出如下见解：

　　风景区的建设和规划，统一计划和统一领导是非常重要的。目前的管理体制，头绪多，修桥的管桥，修建筑的管建筑，各自为政。

　　旅游旅馆不应该全集中到景区内。目前旅馆选址设在河对岸；是否和将来的水坝和公路联通，公路绕景区而行，而把现有公路的一段改为景区内部道路。

国外有不少著名风景区不让交通干线穿行景区，我们可以吸取别人的长处。目前的桥正好选在水流湍急、河床宽广的一段，且近武夷山景区入口，桥长达480公尺，可以和大王峰相媲美。大王峰会不会变成小王峰呢？因此，最理想的桥位，放到上游一点好些。有统一规划就好了，现在又奈何？

人们来武夷，主要是欣赏、游览大自然的风光，你把旅馆、疗养院、商店等都搬来，会损害景象，污染水面，还有什么意思呢？风景区的建筑既是游览线上观赏风景的停留点，其本身应该又是被观赏的风景点。

规划要有法制，不能今天这个领导来，一种说法；明天那个领导来，又是一种说法，谁官大谁说了算，结果莫衷一是，朝令夕改。

我们都很关切地问杨老："武夷山风景区规划将会是什么结局？"杨老说：

写文章要有章法、格调，风景区也要有风格，设计人员不能你设计一个亭子是你的爱好，我设计一个水榭是我的花样，这好比不速之客在亭、台、楼、阁上，刻上"到此一游"一样，给自己树碑立传。

武夷山是我国著名游览胜地之一，它历史悠久，有许多珍贵文物、古迹，世代还流传着许多动人的故事和美丽的神话。烟波浩渺的景区，成为前人幻忆中的神仙境界。

别了！武夷山，它常使我梦怀！

以后，我们收到了福建省建委有关同志来信，感谢收到杨老对旅馆建筑和风景区规划的《谈话纪实》，并告诉我们：南平旅社扩建工程要锯掉的榕树已经保留，并组织到建筑群中去。杨老看完信后对我说：

阿弥陀佛！

（原载《建筑师》丛刊第3期，中国建筑工业出版社
1980年5月出版）

老人的心愿

——对武夷山风景区建设的意见

　　新开辟一个风景区或者建设一个风景区，无疑地，每个同志都恨不得很快看到效果，这是人之常情。咱们这个国家，在许多事情上，或多或少都有这么一个问题，搞一件事，往往迫不及待地希望看到成果。许多事，见效果，必须经过相当的步骤，要经过一个过程，虽然我们可以设想种种办法倍加努力，有的可以见到效果，有的则欲速则不达，实践往往赶不上我们的思想。总之我们的思想要反映事物发展的过程，考虑客观实践的可能性，这是我们办事的出发点。当我们搞一个风景区规划，一定要根据当地的一些具体情况。理想的东西跟现实总会有一段距离，因为涉及我们这个环境以外的很多事物，反过来会影响我们环境以内的许多规划。我们常说，在研究建筑历史过程中，许多建筑师都有这样的论断，认为任何一个时期的建筑，它不能不受到那个时代，那个时期政治、经济、科学、技术的发展，以及那个时期人们生活习惯的影响。所以，好的设想要同时考虑现实，以及我们具体工作以外的其他条件的影响。

实践证明，搞一个风景区的建设规划工作是非常困难的，只要我们有信心，横下一条心，一年不成，二年，二年不成，三年……总有一天会成功的。成功没有止境，锦上还可以添花，要是我们能够同心协力，我想，说不定有一天武夷山景区建设会变成全国的一个典型。我们这个地区方圆不算太大，就现在来说，只有60平方公里，景区的精华部分又集中在九曲一带和北山的某几个点，比黄山的规模要小得多。我们成功的希望很大，我们遇到的艰难困苦要比别人少，预计不远的将来，能够成为一个标兵。

还有一个问题，就是风景区的服务对象，该不该放在本国的旅游者，还是放在国外旅客。放在本国，这是应该的。过分地重视国外旅客，安排地越符合他们的那种生活方式，反而离他们来这里的目的越远。往往外国人到另外一个国家，就是要看一些在自己本国看不到的东西。

现在，我们国家在建筑业上有股风，喜欢高层旅馆。北京饭店带了头，首都带了头，好像没有高层旅馆就太落后。这种方式是不是唯一的一个赚钱的办法呢？我看，说不定可能还是个赔钱的办法。旅游业和国际形势有关，它的上上下下都影响着旅客心理，我们旅游事业在为对外服务的同时，更应该很好地为本国人民服务。

关于风景区的建设标准，总的要因地因时制宜，条件困难不妨因陋就简，甚至搞些临时性的措施，能避风雨，能休息也就可以。比如，那种用毛竹修的茶室，我认为很好，但要防虫，具体的问题要想周到些。

厕所问题是景区建筑布置的一个难题。你要人家喝茶，也得让人家放水呀！北京可以用汽车来拖，山区怎么办，这要认真地请专家来研究。

景区内的住宿，我想，少数人要是想在天游住它三天、两天也不妨，但要简便些，不一定要在山顶上吃什么山珍海味，也不要绝对地说在这里任何人都不许住，这并不现实。少量的住宿还是可以，今后开辟河东，最好将住宿设在那儿。

据徐霞客游记所记载，在一曲那儿原有一片镜湖，这要请水利专家和规划者一起研究出个好办法，哪怕是先搞点小的坝，慢慢再扩大，试试也好，这样就可以使这个地方风景进一步地改善。

下面再谈几个问题，和大家共同研究。

一、关于管理体制问题

风景区最紧要的是要有一个大自然的环境。一旦人为因素进入景区，原有自然美、生态平衡就会受到影响。现在，农民上山砍树伐林，烧林建茶园，土地隶属权多头管理，经营景区也是多渠道的，怎么管？怎么保？怎么建？因此，明确管理体制应列为目前的首要工作，这问题不解决，随之而来的麻烦就会与日俱增。建议景区有统一的领导和相应的管理措施，从土地、交通、设施、森林、水面、宗教，等等统一管理起来。

二、保护区域的划定和规划的准绳

整个风景区必须划定一个范围，很快地把规划方案定下来。不然，今天这批人搞一下，明天那批人搞一下。这样，不说别方面的干扰，就本身的发展前途也会前后矛盾。规划要领导部门和地方部门结合，各部门之间要相互结合，各学科的有关专家也要相互结合，在共同协商的过程中又可能出现很多矛盾。我们不能忽视这些矛盾，只要认识上一致，抓住以保护风景区为规划的大前提作为准绳，我们就有可能搞好工作。

三、游客流量的控制与服务质量的关系

旅游的发展是迅速的，而每个风景点都有一定的容量，超过了容量就难办。容量过大不仅影响旅游的质量，而且对环境也是一种破坏。所以，一种是有计划的、有组织的健全管理制度，宣传、经济，教育相结合；同时开辟新景点分散人流，加强交通组织以及合理在景区周围组织住宿都是行之有效的办法。瑞士管旅游经验最丰富，管理制度比较周全，你登记了，到那里就有住，服务质量也很好，所以管理和组织是分不开的。一般地说，管理机构的家属宿舍不宜太多地安排在这里，住多了就不好办。因为家属住在这里，有小孩、老人，还得办托儿所、小学、医院，一系列的问题就来了。慢慢这个地方，就变成一个很热闹的地方，这也是一种对景区的破坏。这问题我们应当想到。同样，在景区设旅馆也有类似的后果。

四、建筑的特点问题

风景区的建筑要考虑与地区的环境相协，从风格到特点都要表现这些。虽然各人对风格、特点看法不一，"味口"不一，但就我们知识分子来说总喜欢幽静、雅观，建筑手法简单一些，或是要有地方风格。老实说来，在我的脑海里，即使这样，我还认为不够。我恨不得想在景区就用树枝子盖房子，使之更融合于自然。要是我在这种自然环境里设计风景建筑，我是不喜欢走康庄大道，但也不愿踏在动摇的石头上……我们的设计不要搞得太过分，还是要符合山清水秀这个要求。

五、旅游交通路线服务点的设置问题

旅游交通不要太集中，集中了环境容量会超负荷，但不能太分散，分散了管理也会带来困难，只能是相对地集中。线路上可以局部环通，多开一些进出口，让人流分散些。原有的建筑设施要充分利用，不符合环境的逐步加以改造。在风景区修路也要十分注意环境，充分利用地形，注意景点、景线的选择，将路修得宽宽的，我不欣赏。你们想到水帘洞，鹰嘴岩一段，修宽马路，开山炸石，将原有的景观和路线都破坏了，这是十分遗憾的事。至于有必要修公路，那是无可奈何的事。即使修路，线形显得十分重要。切不可随便请几位道路工程师来开山筑路，而是要考虑景观，考虑景区筑路的艺术性。有些人说，逛山真麻烦，太费力气，可是往往他嘴里讲麻烦，他还是要去，原因是风景名胜吸引着他。不同年龄，不同兴趣，他们对风景游览的要求是不一致的。我们规划要适应多方面的要求。至于搞缆车，我现在不想涉及这个问题，可能两方面都有群众，让大家深入讨论。

最后，我想谈一下规划问题。风景区的建设、组织与保护都要有规划。远景的，使规划有个方向，有一个目标，也要有个近期规划。因为短时期不可能把未来的事情都估计进去。规划做得太远，我看不现实。近期讨论的问题过多，也不现实。规划要依据形势的发展，全面考虑国家的经济情况，尽可能的少花钱而把工作很好地开展起来，规划一定要和景区中的有关矛盾结合起来。比如林与茶的矛盾怎么解决好，我想还是做个媒人，让"林"跟"茶"结婚，就是林也要，茶也要，适当规划。某些地方要茶给林吃一点，如大红袍附近，有种好品种的地方，就多种点茶，这就是林茶都要。但要划定范围，要保证林木的恢复，要发展林业，因为这个景区的树木砍得太令人伤心了。茶要保留一部分，林要培植，不然泉水也没了，景区也将随之败坏，游人也就会减少。

规划中的紫阳书院，如果一旦疗养院迁走，可暂时不拆，稍加改造，加以利用，也能节约当前的开支。

我们武夷山是祖国优美风景区之一，也是道教名山之一。道教也包含着中国古代的文化遗产。在这儿修建筑，我想，要符合这个地区的传统，陌生的东西是不合适的。虽然在建筑风格上对继承和发扬会辩论不休，我还是倾向用普通的手法，跟这个地区格式比较协调的东西，而不是模仿。这样可以有许多手法。

来到这里已两次了，听了大家的意见，自己多少有点感想。看到了风景区的现实，想到了未来，这里的建设有可能快、顺利。希望能作为全国风景区的典型，让老大哥，让大家都来学习。

我诚恳地希望不久的将来，咱们武夷山风景区在各个方面都能够树起一个标兵。

这是我的心愿！

风景的城市　入画的建筑
——在杭州市城市规划讨论会上的发言

(1979年4月6日)[①]

人们的认识发展——建设一座现代化风景城

　　我作为一个建筑师，从设计的角度，提几点常识性的意见。杭州的城市规划已讨论过多次了。它的规划图到国外展览过。我不止一次来到杭州，不止一次参加过讨论，我有点粗略的印象：重点总是考虑"风景"二字。现在墙上琳琅满目的规划图，有远景，有近期，包括工业、工程设施等等项目，有相当充分的分析研究，值得学习。我对现状不够了解，发言难免有不当之处。

---

① 1979年7月21日重写，小标题是记述者加的。

　　"现代化风景城市"这个词，过去未听过，现在这样提出，是三十年来人们通过实践获得的认识。城市性质一经确定，就意味着决定了布局的原则。作为一个省会城市，某些工业、轻工业，仍然需要布置，这是城市的需要。那些无污染性的工厂可结合城市布局来布置，有污染的工厂则应远离城区。

　　杭州是个古老的城市，有悠久的历史和高度的文化，形成独有的特点。杭州的丝绸、伞、茶颇负盛名，还有其他特产。生产一些具有地方特色的轻工业品、手工业品作为游览纪念品又有什么不好呢？游览风景要有点纪念品，使之有名有实，为风景城增添光彩。我们要围绕风景城市做文章。

　　西湖，我们要把它整理好，管理好，这是我们的义务。现在确定杭州要成为"风景城市"，确定这种性质多么重要啊！追忆往事，今年这个口号、这种城市性质，明年那个口号、那种城市性质，莫衷一是，举棋不定。现在暴露的许多问题，使美丽的西湖受到损害。这难道不使人深思吗？认识有个过程，但认识到了，实践就要跟上。我们要有"意志"，但这种"意志"应当是科学的、有文化修养的、有预见的、符合客观规律的。今天，大家开始认识到要建设一个"现代化风景城市"，已摸索了三十年啦！来之不易呀！

时间、空间的变迁——风景的比例尺度

时代在变化，城市在发展。今日的杭州，人口增多了，游人增加了。交通已不是当年的徒步坐轿，现代化的汽车可以将游人一会儿带到灵隐，一会儿送到六和塔。湖滨的建筑也不断地在加高。20世纪50年代的杭州饭店，当时有人叫它"新建大庙"。60年代孤山边上的西泠饭店将孤山压成了土丘，还有华侨饭店的体量，不时引起建筑师们的争议。建筑在不断增高，游览速度在加快，城市扩展了，在某种意义上讲，西湖相对地在缩小。杭州的山不会像喜马拉雅山那样慢慢地升高。山、水，由于时

间、空间的变化都在"缩小"。这些给杭州的风景带来什么后果呢？正好像画好了一幅山水画，加上一个大亭子，整个画面破坏了。所以，我们建设西湖一定要保持一个相对的比例尺度。尽可能地不使扩大，要有时空观。不信，把西湖周围建上许多高层建筑，保俶塔就会变成牙签，西湖也就成了水塘！

入画的建筑

一幢风景建筑设计的成功，不仅在于它的功能合理、适用、经济、造型美观，而且要做到同环境的有机结合。这个"有机"是从地形、地貌、建筑性质、造型、空气、阳光、植物生态以及其他方面来考虑的。景区布置建筑要使风景"增色"，而不是"煞风景"，建筑要入画。

我爱好绘画，爱好写生，我绝不会画一幅没有好的环境的风景画。

历史上的西湖，十景也好，八景也好，大多有实体的建筑，有的含有同环境相结合之意。"平湖秋月""柳浪闻莺""雷峰夕照"，这些都是当年的创作。最近我看了一个旅游大楼的方案，布置近湖滨，体型庞大。我想，它的外形和侧影，会有碍风景，有碍西湖的景色。如果在雷峰塔遗址上，仿照当年的外形建一座多层旅馆，岂不一举两得？它西眺岳王庙，北观保俶塔，使人"见物生情"，想到当年的雷峰塔，亦一大乐趣。我想的也许荒唐。不过，一言以蔽之，景区的建筑要入画。

"柳浪闻莺"中破旧的建筑要逐步改造，代之以新的风景建筑，使游人有休息之处。中国古代园林，主景有意。今日的设计创作，我看要意在笔先，笔到之处，建筑造型要好。

有的风景城市，存在着"危机"。有的古迹，修缮得不好，新的建筑甚不协调，大好风景庸俗化了。设计风景区建筑是个大难题，要有相当的艺术素养。不能搞"完成平方米""大打歼灭战"，不能心血来潮，我们作教师的有责任啊！

现代化与风景区

一提到虎跑的规划设计，不能不使我想到风景区的泉水。济南的趵突泉，由于上游建工厂，水源枯竭了。太原晋祠的泉水，水质很好，真是清澈见底，它的下游还产香稻米。结果上游建了工厂，水枯竭了，稻田改为旱田，水位降低，美丽的古建筑和风景受到影响。山西省文物局要花钱改善，看来也难以从根本上解决。真是灾难！所以，"现代化"与"风景区"又有矛盾，又可以结合。现代化，要开拓道路，修建工程设施，都要想到风景。风景区周围建工厂，更要想到风景区，不能用"有烟工业"来妨碍"无烟工业"，要权衡两者得失。有古迹的风景点是千百年劳动人民智慧的结晶，一旦破坏了就难以恢复。所以，提"现代化风景城市"，就要求我们坚持科学的态度，利用现代化的科学技术手段，使风景更加增色，有新的含意。

这里，不免使我想起宜兴的"善卷洞"。为了拍电影，地坪抹上了水泥，没有大自然的趣味了。有的洞还装上电灯，同地下道没有什么区别，游人到此，大扫游兴。

环境保护是现代化工业发展后引起人们重视的一门科学。现代化的措施带进风景区要加以思索。不能硬搬城市建设的那一套，要有区别。瑞士的公路设计，十分重视景区规划。修路时碰上棵大树，附近居民、设计人员都不得挪动。挪动要经当地景区委员会批准才行。设计景区的道路，也要作景象分析，它是一种快速动观的线路，要做好大尺度范围内的线形设计。如果古园的小路是"曲径通幽"，那么景区的公路（道路）要结合地形风景，也要"自然有致"。

道路设计，当然要考虑车速、路宽、转弯半径等。记得北京的北海团城边上的金鳌玉𬮱桥、牌楼，窄桥妨碍了交通。设计改建方案时，有的主张拆除团城，有的甚至主张像切西瓜那样把团城切去一块，这种纯交通的观点行吗？敬爱的周总理确定了现有的方案，既保留了古迹，又利于车辆交通。

我看你们总图南边的交叉口甚多，是否利用地形，穿山打洞，采用一些立体交叉防止车祸，可作这种设想吗？

"希尔顿"[①]和假日旅馆

我们规划设计风景城市，讲旅游，不能只看到旅馆建设，而一讲到旅馆就想到高层。杭州山区风景很优美，有许多秀丽的民居，如稍加修整，不也可以住人吗？国外旅客不远万里乘飞机来到杭州，你给他住的还是"希尔顿"，不过只是杭州的"希尔顿"罢了。国外有不少"假日旅馆"选在风景幽静，接近居民点的地段，带点简易设施，让游人来住上一宿二宿。我想我们可以化整为零，分散建设一批低层旅馆。这样，层数低，投资少，开业快，收效高。短短几个月就可以建成一批。保加利亚旅游

---

① 指美国希尔顿旅游公司所建的高层旅馆。

区，有的充分利用民居，有的用同一平面，外形有所变化。在我们目前人力、物力条件下，可以试建一下。盖"希尔顿"或许是远水解不了近渴。一幢"希尔顿"要建三至五年，而一组低层建筑，又不用电梯，不更好吗？至于高层旅馆，有的可以自建，有的可以利用外资，有计划有步骤地搞。

我想再补充一句，风景区内要不要建高层？这不但市政设施要跟上，即便观景，站在高楼上一览无余，就再也没有什么好看的了！

最后讲一点，我们搞城市规划，要有远景规划作为奋斗目标。然而，近期规划更为重要。我们的规划图往往是墙上挂挂，过后算了。应当说，规划是根据国家计划、城市性质、人们对科技发展的预测而制定的，不论主管方面，还是建设方面，都要以它为依据。规划一旦确定，就要有法律效力，才能有步骤地实现。不能朝令夕改，因人而异。国外历史上成功的建筑规划大多是有法律为保障的。我们的城市建设不可没有个城市法、风景区保护法！不能"时过境迁"，只顾眼前利益，要替子孙后代多设想。

　　杭州旧城的改建相当重要。有人说杭州是破旧的城市，美丽的西湖，旧城变化不大。不少城市都有这个问题。西湖要提高风景水平，城市建设要搞好。城市风景化了，西湖就更具诗意。"有烟工业"的建设有"骨头与肉"的关系，同样"无烟工业"也有个景区与城市的关系问题，二者相辅相成。

　　这篇发言整理出来后，我问杨老，这篇文章用什么标题呢？他说："风景的城市　入画的建筑。"

　　附记：时隔10年了，西湖的周围依然逃脱不了高层建筑的围困，不能不说是一件憾事——齐康，1990年10月。

（原载《建筑师》丛刊第2期，中国建筑工业出版社
1980年1月出版）

古建筑环境的保护①

    我国是一个历史悠久的国家，有着光辉灿烂的古代建筑文化和历史遗迹。同时，我国又是一个社会主义国家，有着许多革命历史建筑和文物。它们为数甚多，遍布在祖国各地。

    古建筑的保护是一门科学，它涉及发现、考证、文献整理、维修保护等多方面的知识。它与城市规划设计工作也是息息相关的。

    古代的建筑与文物（包括革命历史性的建筑），都是布置在一个特定的环境之中，这种特定环境是历史逐步发展形成的。我们保护古建筑以及其所

---

① 口述时间不详，齐康记述。

影响的环境是对历史的尊重，使参观者产生一种身历其境，形象地感受当年的历史生活的心情。应当说，有一定的建筑环境保护，比单幢建筑保护给人们的印象要更深刻，更富有历史气氛，更能表现民族的建筑文化。因此，对重要的古代文物建筑划定保护区，不论从维护古建筑的功能抑或从人们视觉景观着眼都是十分必要的。

新陈代谢是自然规律，城市和环境的不断变更（急速的或缓慢的），也是不可免的。要在古建筑周围一点不改变景观也不是现实的态度。我们规划设计工作是要使古建筑与环境臻于完美，以求达到应有的功能合理，景象协调的境地。

怎样来思考、研究和解决建筑景观和古建筑保护的关系呢？

我举了一些实例的缺点时，杨老感叹地说：

我们国家每天都在建设，却不时也得知一些古建筑有形无形地遭到破坏。祖先留下那么多的遗产，破坏得已经够多的了，难道在我们一代人手里再这样下去！

我说："往事难追，来者犹可纠。古建筑的保护要有法制，新建的建筑要从建筑距离上、建筑风格上有相应的控制，以不影响建筑环境和景观。"

杨老接着我的话说：

确立保护区，划出必要的保护范围这是很必要的，但不能简单地用控制距离来解决。

首先，要重视建筑规划设计。以意大利威尼斯的圣马可广场为例。它的尺度不能算小，建成前后相距几百年，总的建筑气氛是十分优美的。可见对古建筑的保护未尝不可在其周围建造新的建筑。这个典型例子说明，它虽经几个时代建筑师的规划和设计，却还是那么完整。

其次，对大体量或者有一定高度的古建筑（有相当历史价值的），其周围新建的建筑以不损害其景象为宜。如必须在其周围修建，那么是否采取一种阶梯式的依次渐高的方式来解决。

我说："吴良镛先生对北京市规划提出了在北京旧城区采取'高度分区'以控制建筑高度，保持'水平城市'的面貌，而在旧城外建高层建筑，这与你提出的看法相似吗？"

杨老说：

是的，目前，北京古城墙已拆除，至于故宫、紫禁城周围，包括筒子河两岸，我建议逐步拆除旧屋，形成绿带环，严禁建楼，并以天安门为中心严格控制在一定范围内不再建高层建筑。在国外如巴黎、伦敦、莫斯科、华盛顿等城市大体上都能控制中心地段或古宫殿周围的层高，难道我们不能为保护故宫而控制周围的建筑层高吗？

我接着说："即使修建单体建筑，有时为了考虑与古建筑在造型、尺度上取得协调也有采用台阶性处理手法的。位于伦敦桥桥头的'塔旅馆'就是个好例子。"

杨老说：

这只是一种处理手法，还有其他的办法。例如纽约市区的圣·帕垂克教堂，周围保留了小块绿地，四周全是高层建筑，两种形式迥然不同，那高层建筑变成了古建筑的背景。国外不少市区内（密集的修建地段）都有这种实例。南京鼓楼附近的大钟亭是清末的建筑，难道就在这中心地段不能建高层建筑了吗？还是那句老话，只要处理得当，这也"可以"，那也"可以"，但这种"可以"是有一定限度的制约。可见建筑艺术处理水平，是多么重要！

我又问："那么北京北海五龙亭后面的那座大楼又作何分析呢?"

他说：

北海的五龙亭、小西天原有的群体是相当得体的。50年代建的大楼是庞然大物，它把水面、建筑尺度压小了，已没有当年景象的感受。我看，这可能与设计的造型处理有关。如处理得当，有可能好些。

至于那种古塔建筑，它往往起着主宰一个地段的群体空间的作用，邻近的低建筑群只起从属的作用。你想西安大雁塔的体量是方形的，下部的庙屋造型同它不一致，但并不感到不协调。

我想了想说："这和人们心理上的感受有关，因为人们把它们统统称为'古建筑'，认为都是'古代的'，从时间上相对地划到那个时代去了。"

他若有所思地说：

这和时代的建筑造型有着密切的关系。不论如何，与古建筑的关系在体形上、尺度上、色彩上以及风格上的协调甚为重要。我们分析建筑景象与古建筑的关系不能说死，一切都是相对而论。此外，古建筑所处的地位和城市的关系也是不可忽略的。

我想了一会，提出了自己的看法："在建筑上，特别是文艺复兴以来有不少成功的建筑群体，以及广场和雕像，从其相互关系上分析，是有个最佳的垂直和水平的视觉关系。可否以主要观赏点作为控制背景建筑的处理手段呢？魏纳·海其曼和阿尔培·匹兹（Werner Hegemann and Elbert Peets）合著的《城市艺术》一书中就提出垂直视角在18°、27°、45°时的观赏效果。它对我们研究景观不无借鉴之处。他们提出：18°垂直视角是观看群体全貌的基本视角；27°可以较完整地观赏建筑整体；45°是观看建筑单体的极限角，而着重观看细部。水平视觉一般认为60°是合适的。这个概略数对古典建筑的观赏还具有一定的参考意义。

"在保护古建筑的景象中，为了不使新建的建筑有损古建筑形象的完整，不使新建筑超越古建筑的形象，是否可以考虑做到下列两点：

"其一，在主要观赏点上看主体建筑，不论18°、27°都尽可能看不到新建的背景建筑，这是起码的要求。

"其二，为了使建筑群体有一个完整的印象，从群体的配殿、回廊大体上看不到新建筑的完整轮廓线。运用观赏线和主要观赏点（入口、山门、大门），又借助于图解分析，可以得出一个最低限度的古建筑保护范围，严格控制修建超越古建筑的建筑形象。

"至于那些高大的古建筑或高塔，如若布置在街道上是否可以这样考虑，即沿街的新建筑应低于其高度的1/3，并在观赏距离内（即18°）不至于改变原有古建筑的面貌。这种参考还应把道路的宽度估计在内。当然还应根据古建筑的具体形象来决定。

"这种探讨你认为可以吗?"

杨老回答说:

这要在城市总图和详细规划中加以认定,这不过是一种参考。对设计者来说,规划建筑设计的艺术处理水平是必须具备的。你想北京西华门上盖了个"书库",其建筑造型像个布景,这不是个好例子。承德须弥福寿之庙的大台子"墩"上了建筑。台子的体量也算大的了,可并不压抑。威尼斯圣马可广场的钟塔布置在那儿也就那么舒坦。至于比例尺度就更难讲的了。龙门石窟大佛像边上雕上许多小佛像,可也没人说不好。开封原有个繁塔,明朝时传说这儿有"皇气",就将它拆除,台上建了座小塔尖,随着历史的演变,也没有那么多人去议论它。可见艺术的处理是无定法的。

我们做设计,特别是艺术处理要在"推敲"二字上下功夫。当然有的人胸有成竹,一挥而就的作品也是常有之事,但这一挥笔,可要付出多少艰辛的磨炼啊!

归结以上的对话，对于建筑景观与古建筑保护的关系，可否得出以下一些认识。

在城市中保护古建筑的景观必须从城市总图、详细规划着眼，从建筑单体上具体落实，有机地将古建筑组织到建筑群中。这不只是景观而已，而且包括层数分区、交通组织、城市生活、绿化等因素。

古建筑重要性的程度是确定景象保护的历史价值的依据，我们必须区别对待，分清哪些属于严格保护，哪些属于一般保护，才能经济地、合理地组织到城市用地中去。一律不准修建或者乱拆、乱建、乱摆都不是辩证的态度。应当做到保护与利用相结合。

古建筑艺术造型是评定艺术价值的标志，是城市艺术的重要内容。这要求城市规划工作者和建筑设计人员共同研究建筑设计的规划方案。我国的古建筑群大都是院落式的和一些高塔建筑，必须依其建筑特征、造型、体量、色彩以及历史形成的道路网络，研究合理的建筑景观。院落内的观赏要和外部的建筑造型通盘研究，也要研究高点上的自上而下的观赏效果。新建的建筑风格完全从属于古建筑的造型是困难的，但至少应当做到体量上、色彩上的相互协调。为此，建筑艺术手法中的对比、协调、尺度、陪衬等，群体艺术手法中的主与次、观赏的动与静、规则的与不规则的、开敞的与封闭的，以及空间程序等都应当恰如其分地得到运用，这种应用不只是"三度空间"，而且是"四度空间"。

古建筑在城市中的位置、它所处的地形以及它们的特种意义（如轴线）在规划设计中需加考虑。高塔与大体量的建筑还要注意它在城市轮廓线中的作用。

城市绿化在保护古建筑的景观中有着重要的作用（包括空地），它起着分隔、遮挡、衬托，以及借景的作用。

我们不仅要重视新建建筑景观与古建筑的关系，同时还要研究怎样改善已被破坏、损害了的建筑景观，并提出切实可行的措施，例如搬迁、拆除、改善等手段。

关于修缮古建筑

（1979年2月7日）

列车奔驰在沪宁线上，远处倾斜的虎丘塔映入我的眼帘，不由得使我想起修缮古建筑问题，并就"修旧如旧"这一观点，请教杨廷宝老师，杨老回答说：

这要根据建筑的具体情况灵活处理，不能用固定的公式。最好要研究它的历史和将来的用途，并通盘考虑。一般不太重要的古建筑，如修得焕然一新，那也无伤大雅。中国建筑油漆彩画的艺术效果什么时候最好、最美？我看，既不是刚完工，也不是经过二三十年以至几十年后，而是经过一段时期的自然侵蚀，似旧非旧，似新非新，那时的艺术效果最好最美。至于那种特殊建筑，我看应当"修旧如旧"。不过，这要多费点工，要有一定的艺术素养，要有好的工匠。

近年来你到过不少地方，你对修缮古建筑有些什么看法？杨老感叹地说：

有的修得不错，有的修得很差，不仅没有修好，不客气地讲，损害了原有的形象。你看南京天王府的西花园，漆得大红大绿，俗气得很。北京毛主席纪念堂南面正阳门楼修得太富丽堂皇，是否喧宾夺主？有些园林也修得不理想。如马鞍山采石公园，沿山道路铺上水泥，没有园林自然风味。云冈一个大佛像的脚用水泥粉上，太不像样了，结果还是凿掉。

记得那年经过布拉格，参观古王宫，那儿正在修理外墙，修得新旧差不离。是不是？

是的，在国外有些国家，如法国、意大利等都十分重视古迹维修，甚至还办有专门的学校。一方面为了保护古迹，一方面也为了旅游。古建筑是工匠长期劳动积累的文化，有些建筑，艺术性很高。我们如把它当作一般工程来修，只能是"四不像"。你到南京瞻园去看看，刘老①在世时和工匠师傅一起修整，就大不一样，很不错。

文化（Culture）这个字很微妙，它的含意广泛而深刻。唐朝李太白的诗"黄河之水天上来"，多有韵味，多有气派。不但要有素养，有时还要有点气势。现在，好的匠人不多了。对好的手艺师傅，要十分尊重他们的经验，接受他们的技艺。

你在（20世纪）30年代怎么参加和主持修缮一批北京古建筑？

啊！这已是40年前的事了。这要从我怎样学习中国古建筑谈起。我在国外学的是外国的一套，中国古建筑我是一无所知。当时"基泰事务所"要做两套清式模型——紫禁城角楼和天坛的祈年殿，完全按清式做法（包括彩画），我在绘图房里画图，休息时就看师傅们做，并且边谈边记。这就是我学习中国古建筑的开始，可以说做模型的工匠是我的启蒙老师。

---

① 指刘敦桢教授，他是瞻园改建设计者。

八国联军侵占北京时，有些古建筑被毁得破烂不堪，有的只留下断墙残壁。有位老先生朱启钤，曾是清末工部侍郎，他热心修复一批古建筑。当时北平市文物整理委员会开展了这项工作，通过梁思成、刘敦桢找到了我。我先后参加修缮的工程共有九处。

天坛祈年殿、门、庭院；圜丘（宰牲亭）、皇穹宇；北京城东南角楼；西直门箭楼；国子监；中南海紫光阁；五塔寺（大正觉寺）；玉泉山玉峰塔；西山碧云寺罗汉堂。

两个月后，我们几位同志和杨老漫步在天坛祈年殿到皇穹宇的神道上，我们又谈到了修缮古建筑的问题。

上次我们谈到了"修旧如旧"的问题，你来看，当年修天坛皇穹宇就是个例子。几根柱子大体保留原样，柱子上的沥粉贴金修旧如旧，墙上的花纹按原样拓下来也修旧如旧。这都是师傅们亲自动手，工程质量当然高了。

圜丘在袁世凯当"皇帝"的81天里也曾修过，因为他也要祭天，但修得很粗糙，很不像样，四周矮墙上的兽头都很不全。棂星门的木门也拆了，西南角的三根望灯杆，也破坏殆尽。据说当年望灯杆的木料都是整木，从贵州、云南，顺长江入海，经海路由天津运至北京东南城角水闸，再在城里拖运，经过珠市口时，因杆太长了，将拐角的警亭拆了才运到天坛的。这么长的木杆，当时我们是无力修复了。

祈年殿的宝顶，整个是铜皮焊接成形，磨光镏金，套在雷公柱上。其尺度甚大，修时搭了三层架，里面可以站两个人。宝顶外部落在须弥座式的琉璃座上，座也是分块拼成。有一点大家可能想象不到，即靠近顶部的琉璃瓦板是分成几块，拼接而成的。

你记着一点，越是高处，做工越是可以粗一点。远看那顶部金光闪闪，可是顶部的瓦当却接得比较粗糙。所以，考虑了视觉效果的远近和粗细的问题，就可以依据建筑的部位来提出不同的施工方法。

屋顶的防水在望板上先用灰背找平，辅以"锡拉背"（行话，即锡板），再粉嵌灰贝，先底瓦后筒瓦，层层上套。

明长陵大殿的楠木柱是整木料，到了晚清已不可能办到了。天坛祈年殿的柱子，到了光绪十六年重修时，柱心是整木，外面加拼木块，用铁箍箍牢，用猪血砖灰披麻。

明代的彩画多用银朱红、石青、石绿等。当时我们修缮时已缺石绿，色泽质量就差些。所以对油漆彩画颜料的质量、色泽都要研究。

有的古建筑毁坏得很厉害，如西山碧云寺罗汉堂。这座罗汉堂是清初的，它有四个小内院，构图甚为适宜。这类严重残破的建筑，我们等于重建。不过也没什么，因为我有一本《工部营造则例》可以参考，还有工匠们的口诀，什么"柱高一丈，出檐三尺""方五斜七"等。有了柱础的位置，就可以推算。至于建筑高度，尽量实测，也就行了。

要修缮还得学会估算。老师傅曾教我如何估算石料，他说，一平方尺（当时是鲁班尺）平面粗估算一个工，打个线脚算两个工，带有装饰的得用三个工。

圜丘的石工我就采用这种办法推算的。

修缮古建筑必须和匠人们一起研究。工匠中当时最主要是木工，旧社会称大师兄，瓦工称二师兄，石工称三师兄，木工掌握全局。我经常请教几位老师傅，在工地上，在木工房里，今天请这个师傅看看，明天又请另一个谈谈，记录他们的口诀，找出切实可行的办法。有时上"东来顺"打上斤把白干，请老师傅坐下来，你一言，我一语，就解决了施工中的疑难，这也算是"群众路线"吧！当然营造学社的同仁们，我也常常向他们请教。这些工匠有口诀，顺口溜，代代相传，我都记了笔记，可惜现在全散失了。

我是一点一滴地向工匠师傅、刘敦桢、梁思成等先生，以及我后来在民族形式建筑的设计中学中国古建筑的。

归途中，我们说，你谈的体会，使我们学到不少知识。您对今天修缮古建筑有什么建议呢？

我看有几点要注意。

首先，对修缮的对象要查一下文献资料、历史沿革。如天坛祈年殿就有较详细的记载，有的还要明确用途。

其次，要拟订修缮计划。最好和施工部门、工匠师傅共同拟定，向他们请教，估算工料。

再次，要对现存古建筑进行测绘、调查，画出图纸。记得我们当时修缮的九处古建筑，每修一处之前都要拍照，修理过程中也拍照，工程完毕再拍照，使工程修建过程有完整的记录和全面的总结。

最后，我想讲一点，修缮古建筑还存在个古建筑修建年代和艺术评价的关系，这一点要重视。例如太和殿和太和门不是同一年代修建的，但近年修复时采用同一种彩画，使它们具有艺术上的统一效果，这是好的。至于有些像清末慈禧时绘的彩画比较俗气，那倒不如恢复原修建年代的彩画来得好。二者是要权衡比较的。

古迹文物是劳动人民的智慧和血汗建成的，是历史的见证，我们要保护好。作为一个建筑工作者，要向匠人师傅学习。当前培训新工匠也很要紧。梁思成、刘敦桢两位先生对中国古建筑的研究和考证都作出了重大贡献，他们的钻研精神，值得我们学习。记得一次梁思成先生对我说："批判大屋顶，我检讨了多次，可每当我看到一座古建筑，宏大的斗栱，我马上精神就来了。"做学问我看要"入迷"。

让我来讲个小故事就算结束今天的参观吧！

传说北京有座喇嘛庙，名叫麻噶喇庙，修建时只有两层檐椽，工匠们怎么看也不合样。木匠师傅吃饭时正在嘀咕这件事，突然来了个老头儿，指着屋檐，口中念念有词。工匠们若有所悟，就在飞檐椽外再加了一层。这样，这座庙的出檐就"合"样了。

这是什么意思呢？大家想想！

（原载《建筑师》丛刊第2期，中国建筑工业出版社
1980年1月出版）

谈点建筑与雕刻

(1978年8月7日)

几位江苏省美术馆参加毛主席纪念堂前雕塑设计工作的同志前来拜访杨老，请教有关建筑与雕刻的关系问题。现将杨老的谈话，记述如下：

我对雕刻研究得不多，年轻时在美国学习，曾在宾夕法尼亚艺术学院夏令学校（Pennsylvania Academy of Fine Arts, Summer School at Chester Spring）学习过一段时间。当时的老师是Albert Leslay，原籍意大利人。我雕塑过一只鸭，教师说我干得不错。我又雕塑过一匹马。以后，我又参观过一些雕刻家的工室，看过许多雕塑作品和雕刻作品。

对雕刻工作者我总有这么一个愿望，我们的作品总得有点民族气氛。当然要看什么题材。

　　记得设计人民英雄纪念碑时，建筑师与雕刻家就是有矛盾，争执不下。建筑师认为，碑座须弥座间的蜀柱应宽一点表现有力；而雕刻家则认为，浮雕的尺寸非要那么大才行，寸步不让。怎么办？后来，我在一次会议上和了稀泥，总算解决了。我看，作为建筑物上的雕刻，建筑师与雕刻家应当相互配合。在这种纪念性建筑物上，某种意义上讲，雕刻应与建筑彼此相协调。因为建筑需要照顾到整体（图1）。

　　回到原来的话题。我说，要有点"民族气氛"，那就得了解我国雕刻艺术的传统。远古的且不提，一般地说，器皿上和建筑装饰上，我国三代的铜器、祭

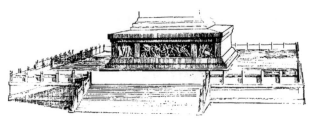

图1　北京天安门广场上人民英雄纪念碑基座

器上的花纹，有的是回纹，铜器上偶然突出夔纹。河南南阳、江苏徐州等的汉代画像石，主要刻的是平的凸面，是轮廓性的图案。赵州安济桥石栏板上的龙就是立体的。就是说，从平面的刻花到立体有个过程。佛教传进中国，带来了许多外来建筑与装饰艺术，但慢慢地就中国化了。山西佛光寺的塑像，中国味就很浓，它已不像印度的佛像。虽然从外国进来，但经过中国艺术家的手，就变成了中国的风格。唐代昭陵六骏，你看那雕得多好！可算是高浮雕。在西安的以及被盗走放在美国费城的，我都看过。再往后，有的雕刻立体感就更强了。有的是装饰，但实际上是圆雕。曲阜孔庙大成殿的明代蟠龙石柱已几乎完全立体了。

我这样想，对历史遗产必定有个继承与批判。从内容上讲，古代雕塑和塑刻的题材不少是欺骗愚弄人民的迷信物，但艺术上的一些处理手法，不无值得借鉴之处，可以"古为今用"。我们年轻的雕塑工作者不妨研究这些资料。

广东佛山的祖庙，建筑装饰甚多，作品是晚清时代的，有些东西不登大雅之堂，有些题材内容是戏剧中的情节，很复杂，有点像欧洲的巴洛克。但其中有些构图组合方式很有参考价值。如有个明代的供桌雕得就不错，仔细一点观察，可以发现上面刻有"大明"的年号。不过仅根据这一点也许还不足以确定它的创作年代，也可能是当时的艺人不服"满清"的统治，故意刻上的。此外，广东汕头、潮州一带的木雕，有些我认为也是不错的。

我讲了这么些是什么意思呢？就是说青年的雕塑工作者一定要研究过去的历史，在这个基础上去创新、去发展。江苏的国画家就是在原有的基础上去创新，这不是很好吗？雕刻这一行在旧社会是不受人重视的，出国留学回来没有事做，在那时混口饭吃都不容易。今天，你们有了广阔的题材范围，又有优越的创作条件，这真是幸福。

解放初，在研究武汉长江大桥建筑设计方案时，我曾想，建筑上有点雕刻该多好，但后来搞着搞着不成了。在人民英雄纪念碑上总算得以实现。建筑与雕刻结合起来，这是开国以来的第一次。以后，在北京农展馆前的群雕，有中国味，受到群众的好评，还是很不错的（图2）。

不论怎样，我们学习古代的、西方的传统经验，创作出来的作品要有我们自己时代的民族风格。我总期望发挥这两句话的作用："古为今用，洋为中用。"

图2　北京农展馆前大型群雕

现在有些群雕洋味重了一点，而中国味少了一点。雕刻和纪念建筑一样，它是创作，既然是创作，就应讲究点风格。

我们不是正在设计纪念堂南北两组群雕的新方案吗？这里是先塑后雕刻的，我看南北两组要有点变化，不宜雷同。北面是主要入口，主体是纪念堂，群雕是陪衬，体型不宜过长，而宜近乎长方形。南边出口面对着正阳门是个古建筑，这边的群雕民族味可以浓些，座子可以短些。新方案的群雕，在轮廓与形象上，不论远看近看都应当明确而有特征。

中外古代雕刻艺术在构图上似乎有一个共同的经验，就是题材要有一个中心内容。围绕它来组织全局，就容易使观赏者印象深刻，取得成功，题材中心散了就不大好办。举个例子：中国古建筑大门前的一对石狮子，一边它玩着个绣球，一边它玩着个小狮子，有个构图中心题目，看上去就生动了。

图3 法国巴黎雄狮凯旋门

　　建筑与雕刻具有时代性。法国巴黎雄狮凯旋门①
（Arc de I.Efoile，1806—1836）实墙面上雕刻是吕德
（Rude）的作品——马赛曲，这一题材就把那个时
代定下来（图3）了。又如巴黎大歌剧院，建筑和雕
刻配合得那么好，一看就知道是法国文艺复兴后期

---

① 巴黎雄狮凯旋门1806年兴工，约三十年完成，居十二条大街交
会中心。主要雕刻是吕德所作马赛行军雕像。其他浮雕满布凯旋门
内外四周，以历次战役事迹为题材，面对四条大街，由十余位雕刻
家负责。人像有的高达两米。门中央是第一次世界大战法军阵亡无
名英雄墓。

（1861—1874年）的作品。其他如巴黎公社社员墙纪念碑①等等，这些都反映了时代。我们的艺术创作能这样，不就更深刻了吗？

美国有位建筑师名叫Frank Lloyd Wright，他设计的建筑作品就打上了他那时的"新时代"的印记。他一度住在美国北部。他的房子，石料由他的学生砌，家具也是学生们做的。1945年我曾到他家做过客，他安排我住在他的地下室。那虽是美国房子，但东方的风味很浓。我问他为什么这样设计，他说："一个人的创作、举止、动作都会表现出他生平的经历。"他早年来过中国，看过老子的《道德经》，在日本他设计过东京帝国大旅社，受到不少东方的影响。在设计上他可以算是一个"怪人"，他的那句话给我留下了很深的印象。一个艺术家的生活经历，不可避免地会反映在他的作品中。这对我们是个启发，我们搞雕刻创作不可能凭空设想。中国人写字也是这样，你写的

---

① 巴黎公社社员纪念碑。法国雕刻家保尔·莫洛·伏蒂埃的作品，建于1887年。

字很自然会带出你所学的那种碑帖的精神。所以，我们对历史上的各种雕刻的手法要熟悉一下，有了这个熟悉和没有这个熟悉大不一样。虽然题材已不是你原来所学的那些内容，但你却能自然而然地表达出某种艺术风味。你们如果认为这话有点道理，我劝你们对古代的一些优秀的雕刻作品切实地观察、临摹一番。要有这种磨炼。

问：雕刻对建筑的配合，在比例、尺度、体形、色彩方面是否有一个"从属"和"独立"的关系？例如西方古代建筑壁龛中的像和中国寺庙中的佛像，其间不是有这个关系吗？

对！譬如说，希腊神庙山花间的群像就受那三角形的影响；人物的排列，在正中的是站立着的，两侧的是躺下的。至于雕像布置在室外，就有个与环境协调的问题。如果处理得好，不仅建筑艺术效果好，雕像的特殊性也就突出了。

问：中国的雕塑和雕刻，特别在人物方面是否不如西方？

是的！但是只能说某些方面。我们历史上的工匠雕塑的人像虽然在人体结构上不如西方准确，但在人物的刻画上，如山西太原晋祠圣母殿的一些塑像，也有它意境独到之处。

我就谈这些，供你们参考。

（齐康、杨德安、赖聚奎绘插图）

（原载《建筑师》丛刊第1期，中国建筑工业出版社
1979年8月出版）

轴线①

在城市、建筑群、单体建筑中，轴线的处理手法往往反映一种力量、一种概念、一种方法和一种观念。

美国华盛顿的林肯纪念堂、华盛顿纪念碑、国会大厦的建筑轴线；巴黎城中的凯旋门、协和广场中的埃及方尖碑、土伊勒花园、小凯旋门到卢浮宫，贯穿了一条建筑轴线；北京的建筑轴线贯穿了正阳门、人民英雄纪念碑、天安门、故宫、景山、钟楼、鼓楼，这种空间构图难道不反映一种内聚的"力量"吗？

---

① 口述时间不详，齐康记述。

　　轴线也是一种概念和方法。从室内一具器皿，对称的大厅，或是封闭、开敞的广场，一条大街，建筑群组都有可能构成轴线。它是视觉上的两点，或若干点联成线而引起的概念。华盛顿的那条轴线，巴黎凡尔赛建筑群的轴线，这两处我都到过，它们形成的历史条件不一，但作为空间构图来评价，我认为华盛顿这条轴线有气势，而凡尔赛宫厚重，不过显得有点"单一"。这都是存在的实物给我们的概念。

　　研究轴线的处理手法是有一定意义的。通常表现为"直"的轴线，也有因地形，因现有建筑的关系不断改建而曲折引申，表现为弯曲的轴线。前些日子，我参观了九华山祇园寺，一进大门走到第二个院子就开始转折，不知不觉弯曲了过去。苏州虎丘塔前的那条引道也是这样。在一些建筑设计中轴线也有形成了"折线"。如若我们认真去推敲。轴线还可以是"多向"的、"倾斜"的、"垂直"的……总之它有着功能、精神的目的而定向。

一般地说，轴线一定是两边有相应的建筑物和陪衬体才行。要将轴线处理得好，就要同时注意建筑物与周围实体的比例和尺度。罗马圣彼得广场中的圣彼得大教堂，尺度是很大的，其本身缺乏尺度感，教堂的柱子等于把维尼奥拉柱式放大，广场内虽有些方尖碑、喷泉、柱廊，但并不能衬托出它的尺度，只能称为"巨大"，并无"宏伟"的感受。说明设计建成一组建筑群，在轴线两侧若无合理的尺度和完美的陪衬物，那也是不行的。

从轴线的方向来说，它是将若干组建筑物，建筑空间串起来，印象上起着串联的作用，古代的建筑师、匠人是有意、无意地运用这个道理。被串联的可以是"虚"的——感觉的；也可以是"实"的——有形的。在绘画中也有类似的情况。你不信，看一下墙上那张国画，无形中有根"轴"，它起着组织画面的构图，统一了画面。画面的构图中心，英文称趣味中心（Interest Center）。

这儿我要着重地讲一点：在大自然，在城市

中，如若运用了轴线的处理手法，它往往起着主宰、主导、统一、控制的作用。这种作用与轴线的对景有着十分紧密的关系。主体纪念性的对景，可以起着控制、统一附近的建筑环境，而从属的建筑又烘托对景的主题。建筑、空间、环境的相互关系是可以达到不同的空间感受和一定的气氛。因此，我们在规划设计前运用轴线的处理原则，一定要很好地掌握设计轴线所要求的用途，人的活动和视觉上的要求。使之融而为一，达到引向终端的景象。

建筑群的轴线与绘画不同，它是三度的。随着观察者的位移时间，人们来到轴线所组成的空间，观察者的感受是不同的。这种感受不可免地有时间的因素。这个因素给人们带来了"回忆"，丰富了"联想"，使之达到一定的意境，达到设计者构思的要求。轴线的艺术构图实际上是精神上的，这就是"mental axis"。

在园林规划设计中，在自然的环境中，建筑轴线常常起着另一种空间序列。有时突出建筑主体，起着控制周围"景象"的作用。北京颐和园佛香阁，它那根轴线不仅影响了周围群体的布置，而且对整个园林起着主宰的作用。巴黎凡尔赛的轴线，它不仅是建筑，而且三根放射的强有力的林荫道也控制了整个园林，它将水面、雕刻、树丛均统帅起来了。在中国的苏州古典园林中，咫尺山林，仿效自然，它的厅、堂也常常是园林中的主轴。其他亭、台、楼、阁虽各有自己的建筑轴，并不因此损害园林景色，而且丰富了奇异的自然风光。这种景象常常是我们所难以想象的。

轴线，它是自然中生命和力的表现，也是物质生产中"力"的表现。人体、动物对称而有中心线，植物树叶对生，互生树枝也形似轴。建筑物柱之受力也有轴，机械运转也有轴，甚至社会的构成也有轴。这是力的表现，从人类最初的形象表达中就产生了，以致在建筑中发展为建筑空间的轴线关系。我们如若认真研究自古以来的建筑、建筑群的发展，轴线的发展运用是带有观念性的特征。

　　观念是带有上层建筑、意识形态的特性。它随时代、人文、科技的发展而带有时代的色彩。我国古代的庙宇、坟山、陵墓，虽然选址时带有浓厚的封建迷信色彩，但有时也包含着合理的因素。在坟山中，往往中间一段地势垅起，说："人死不受水"，实际上有利于地面排水。以南京明孝陵为例，它东边有青龙，西边是白虎，前面有案山，"金"字形的案山。就像人的双手伸出两个拳头，很"聚"气。从下马碑到寝殿，结合地形，延绵伸展的轴线，那是十分壮观的。中山陵虽然工程浩大，但一览无余，"不聚气"。"气"就是"势"。没有势，就显示不出纪念性建筑那种宏伟、壮丽的特色。

故地重游[①]

我年纪老了一点，头脑中陈腐的东西多了一
点，接受的新事物少了一点。中华人民共和国成立
前，我有时去上海工作，有个同行童寯，他很喜欢
园林，常约我出去旅行，京、沪、杭一带都去，往
往是星期六给我一个电话约我吃饭，就商量第二天
去哪里，给我印象深刻的就是无锡。无锡有个太
湖，小学读地理就知道是江南名胜，范蠡泛舟五湖
印象也很深。还有一位同行，无锡的赵深，比我大

---

① 1982年的初春，应无锡市园林处的邀请，我随同杨老去无锡
市，评议几个园林建筑工程。其间市领导请杨老作了一次讲话。尔
后，我请李正同志整理他的讲话，由黄茂如、唐正林、李正同志根
据记录综合整理，我又对个别字句作了调整——齐康。

二三岁，是我的学长，常听他谈起很多无锡名胜。我们到无锡，一下火车就到寄畅园。寄畅园名声大，谐趣园虽然也不错，一看寄畅园，谐趣园就不行了。谐趣园是皇家宫苑气氛，寄畅园既风雅又有野趣。从寄畅园出来后就上惠山，登三茅峰，转过七十二弯下山，再上锡山。登锡山有砖台阶直通山顶龙光塔，下山时童老的朋友累得吃不消了，就在台阶两侧斜的竖带石上慢慢滑下去。他回到上海后说，以后再也不和你们出去了。但我们却不以为苦，反以为乐，游兴更浓。当年，京沪沿线的小园子都跑遍了，无锡的印象最深，回想起来，很有意思。

鼋头渚的灯塔，1931—1932年就有了，今天看来风景依旧，但有一点则大大不同了，就是过去游人很少，房子也少，疗养院更少，当然也没有如大箕山那样一列拖车的建筑。太湖边有很多芦苇塘，长得很茂盛，野趣很浓。当年没有大轮船，也没有结成串的船队，只有小木船，点点漂浮。乘这种小船游湖，船旁拖一张小网，上岸时鲜鱼就有了。今天太湖周围建筑物多了，游人大增，作为画面来说与以前大不相同了。

人的好恶是很大不同的，如人吃东西，口味就不一样，我就最怕辣椒。人们的欣赏、审美观点也各有不同，有人认为那个建筑好，有人则不然，各有所好，这也是自然的。别人不喜欢的不一定错，原来喜欢的，后来改了，也是可能的。人们的爱好没有一定的标准，要看个人的素养、影响、训练、经历不同，而各有好恶。我喜欢的和想象的不一定与在座各位相同，不一定正确，讲错了，请同志们原谅。

先讲一个很好的印象，事先我不知道惠山又添了个小园子，叫"杜鹃园"，正门在稍高处的竹林里，现在却不开，要走后门，看来，这也是目前很时髦的走法。这个园子，因地制宜地修路，因地制宜地叠山，因地制宜地引泉，因地制宜地建了一些房子，我觉得确确实实做到了因地制宜，至少给我上了深刻的一课。总投资仅花了90万元，做到这个成绩，令人钦佩。尤其是现在有许多地方都在做这种工作，做到这样是很难想象的。印象如读了一篇文章，文章读完了，余味还在脑中回旋，我在走到去大桥的路上还在想，像这样因地制宜地建立这么个园子，原来的树利用得很好，要是再有一两颗古树，那将更会增加不少动人的镜头的。

关于锡山大门，据说对它的设计有过不同的设想，各有理由。但是，应该考虑如何因地制宜，根据那个地势，我想有三个可能的方案。第一，要是地点不移的话，由于锡山大桥很突出，南面陡，北面引坡长，还要转弯，靠右走，与对面的车流、人流交叉，难免不出意外的交通事故，在这样一个环境里，公园大门靠大桥太近，不理想。现在花了2万～3万元做了部分基础，可以改做别的设施，大门不妨向南移或向后退。如果改动地点，投资下去的东西，能否利用？第二个想法，现在的大门太长，太宽，廊子长除了可以躲雨、遮太阳外，别的只是虚张声势，摆了一个大的场面，不紧凑。大门搞长廊不如园子里有长廊好，外面既不易管理，卫生条件也难维持。是不是搞一个小一点的门，大门是买了票，一穿而过的。香山和颐和园的大门也不会使人太留恋。大门不是一个欣赏的对象，仅仅是买票进场的过程，不宜搞得太堂皇。谐趣园的大门就很小，并不起眼。大门只是示意人们进园精神准备的起点。要是实在找不出个地方，甚至于仅搞几个墩子也可，四个墩子可以考究一点，可再做三档铁门，不怕人家看见锡山，不一定要用大木门锁起来。苏联符拉索夫桥的大门就是一排墩子加铁栏杆，花钱很少。有人说，我们看惯了三开间大屋顶的门楼，我看可以议议，看看多少人赞成。现在的地方交通乱糟糟，不理想。第三种可能，有人认为这个方案已通过了，地方不能挪了，那就改进现在的模样。现在的大门太宽了，钱花得太可惜了。北方大门台基高，这个门前面只有3~4级台阶，在这么大的广场上就等于消失了，觉得这个门贴在地上，不够稳重。台子要升高，搞8～10个踏步，可以神气一点。现在这个门全长54米，太长了，进门后也要下几个台阶。边上的房子离开大门太远，房子都是很窄一条，进深不够，窗户门洞衬低了。两个耳房太远，耳房与大门的大小比例不相称，耳房本身又分成一半一半，比例有问题。如果认为大门一定要放在这里，一定要这个形式，那么尺度就要大大压缩，小了反而好，不能和大桥搞竞赛。我个人不主张摆得与大桥太近，离桥近，灰也多，进门光吃土，不够理想。总之，把门做小些，换个地方，甚至可以用铁栅门形式。看了大桥以后，觉得搞另外形式的门也好，投资可以省下来，可以添点别的小品。现在强调门内有一片水池，刚好能看到塔的倒影。其实别的水塘里也能看到倒影，这不是决定门的位置的一个重要的理由，这与承德文津阁的水中看月不一样（注：是指避暑山庄文津阁前"松前望月"景点——记录者）。

关于鼋头渚灯塔的改造方案，屋顶坡度提高点更好，照顾到湖里观望。三层檐口如改一下，最下一层檐口可以改成挂檐，檐口不必挑出太大。

关于在三山准备建第三个较大码头的问题，三山是无锡太湖风景区中一个幽静的小岛，面积不大，我希望能保持当年那种不是一般人想去就容易上去的地方，而是要少数人费了劲才能上去则更有价值，更有味道。一大批游人挤在大码头上，边上边下，闹嘈嘈，不像游玩的样子。已经有了两个码头，还要造一个停靠5~6条轮船的大码头，我觉得很不相宜。不能在小岛沿岸都连上码头，你们有钱不要花在码头上，可在别处添点小品，如果无锡园林有钱花不完，可分点给我们南京。

关于蠡园，老蠡园有四个鱼塘，四个亭子（**注：指四季亭**），很不理想，不像园林的处理，进门后两排仪仗队式的石壁太呆板，要打破。现在新的扩建部分很好，扩建区利用老路稍稍弯曲一下就很好。

现在绿化喜欢种雪松、龙柏和奇花异草，外国人看到我们都是小树，是中华人民共和国成立后新种的。现在新搞的园林大树很少，这个问题看来要解决。现在国外大量种白果树（银杏），白果树大了好看，潭柘寺里的白果树，子子孙孙几代同堂。美国的花旗蜜橘是引进的中国广柑，加利福尼亚的红杉树有断面的切片，供人们看年轮。园林局的同志要在报上写文章，宣传爱护树木。

现在，北京、天津两家争水，北京的地下水下降了很多，玉泉山泉水流量也小了，玉泉是乾隆题的第一泉。裂帛湖已干，地下水下降是个大问题，回灌水会污染地下水，对后人不是福气。兰州枸杞子很多，不怕旱，枸杞子种在山上，悬挂下来很好看，可以推广种植。人没有水活不下去，搞园林没有水就困难。惠山要是没有泉水，恐怕惠山不会如此有名了。杜鹃园要是能引到了水就更好了，哪怕小水也好，没有水也就没有寄畅园了。

我国的园林发展怎么办？我看江南的苏州、无锡、常州、南通、扬州这些地方都有一些传统，要尽可能保存一些地方特点。地方特点不一定是坡屋顶，小青瓦，不要如此狭隘地理解。如在布局上、处理手法上研究，都可以形成特点。杜鹃园的处理，我看后有一个感想，就是保存了地方特点：一是"因地制宜"，一是"就地取材"。四川都江堰，有"深淘滩，低作堰"六字治水原则，就能保持特色。这个园的布局、设计可以与它媲美。

无水不行，有水污染了也不行，对人不行，对鱼也不行，以前鲥鱼到南京，现在不去了。

现在有些园林，如拙政园中部就保存了当年风貌，东部是新的，西部是不中不西，东、中、西三部，成为分明的样板。狮子林也近代化了，水泥出来了，水泥船已坏了。苏州的旧园子，不修，又怕它倒塌了，要修，又怕修不好。目前，这方面的老专家，寥若晨星，天亮后将一个个看不见了。无锡有文化，人才多，应该做出表率。

目前不少地方的园林建筑照搬广州的东西是很危险的。北京紫竹院中有一组建筑照抄广州的，冬天就没法使用了。有些东西抄不得，一学就会，一会就抄。这样不行，要善于学习。好比练字，颜、柳、欧、赵的书法都可以学，但学到了家，就要有自己的东西，此中必然会暴露出学习的基础来。

要说园林还是江南一带基础好，内地不行，但内地有些寺庙的处理手法可供借鉴，要用得活。

中国园林，毕竟要发展，要适应新生活的需要。

谈赖特①

　　问：我以赖特作为研究专题，目的是学习和分析，"文革"前我国建筑界对他介绍得不多，"文革"中更是视若禁区，导致我们这一代不甚了解。赖特的长期建筑实践形成他独有的建筑观点和方法，研究和分析他，对于了解西方的现代建筑，提高设计理论和设计水平是有益的。赖特的书籍和资料比较多，他的有机建筑理论，关于传统、民间建筑、环境等方面的观念以及流水别墅（Kaufmann House）、约翰逊制蜡公司（Johnson Wax Company）、古根海姆美术馆（Guggenheim

---

① 1981年对研究生的一次谈话，齐康、项秉仁记述。

131

Museum）等作品都有深远广泛的影响，有一定的生命力。我看了一些书和资料，童寯、汪坦教授也给了我指教，今天特来请教杨老。

答：这位建筑师是世界上公认的有影响的建筑大师之一，尤其是在美国，堪称建筑界的杰出人物。他的影响超过其他人，他们以有这位建筑师而自豪。他早期创作设计了"草原式"住宅（Prairie House），使美国的住宅从外来的美国殖民地式样中摆脱出来。他的"有机建筑"理论，在建筑与环境的结合，表现建筑的目的性，体现建筑材料性质方面都有一定的见解。他重视传统建筑材料与民间建筑，在建筑空间处理上打破了方盒子概念。他的作品富有想象力，有独特构思，建筑艺术上颇具匠心。他一生约有70年的建筑活动，高度的文化修养和大量的设计实践造就了这位非凡的建筑大师。

每个人都有长处，也总有缺陷的。以马列观点来分析，是不能绝对化的。说实在的，要我来评述他，那是十分惭愧的。因为，他的著作和有关他的评述我研究得很少，他的实际建筑工程中的问题我也仅仅略知一二。我在美国求学时，听说过他，那也是很肤浅的。后来只知道他的古根海姆美术馆方案不受欢迎，因为那时在纽约盛行的还是讲究形式的样式建筑（Style Architecture），到了现代绘画渐渐的流行起来，许多艺术博物馆展示了现代派绘画，这才有人觉得赖特的方案有独到之处，有钱人愿意出钱建造，促使该工程的实现。

　　从前我并不认识这个人，记得1944—1945年间，原资源委员会派我到国外调查工业建筑，驻纽约，我曾去信约见他，不久便得到他的复信。他住在塔里埃森（Tailiesin Spring Green，Wisconsin），这所他设计的住宅兼学塾是他的学生自己动手开石逐步修造的，并不是一次设计和修建的。塔里埃森离车站有几十里路，他亲自开车来接我。我被安排在一间布置得很别致的地下室歇脚。当我走进这幢屋舍，变化着的室内空间，浓重的细部装饰吸引着我，让我感受到一种东方格调。

这个人看过很多书。大约于清末时来过中国，交辜鸿铭为友。辜是清末派驻英国的留学生，毕业于牛津大学，颇有名气。他有中文的根底，又熟习洋学问，是位有学问的人，他翻译过老子的《道德经》。我在清华念书时，老师曾带我见过他，他身穿黄马褂，头悬长辫，一副学究味。这样子我至今记忆犹新。赖特曾对我说："辜是我的好友，你回国后如见到辜亲自翻译的老子译文，请给我寄一本。"[1]赖特来中国的经历难免不给他一些影响。

赖特在1916—1921年间设计了日本帝国饭店（Imperial Hotel）。这是一组对称的建筑组群，它的处理手笔显现了学院派那套的影子。这和他年轻时从师沙利文（Louis Surlivan）有关，沙利文虽力图摆脱旧的传统形式，但在建筑文化的继承与革新上，往往是渊源而流的。现在这座建筑已拆除，只留下门厅部分作纪念。

---

[1] 赖特在《On Architecture》一书中，提及自己1919年在当时的北平（北京）见到辜鸿铭。

他的教学方法有点像我国的私塾，颇有趣味。记得在吃饭时，总要学生轮流布置座位，给安排一个主讲地位，边谈边吃，讲述建筑设计的理论和见解。我想，这种利用吃饭来灌输建筑常识，大概是受孔夫子的影响。师生愉快地工作、学习、交谈，无形的影响使学生潜移默化。这就是从事建筑教育的主要方式之一。他接受了不少国家的学生，学生到了那里就被视如家人。也有中国学生，如梁衍，周仪先，还有清华的汪坦，可能还有其他人，我不太清楚了。

那儿还有个小讲堂，八角形，室内装修和灯具都有几何线条，较繁琐。他的早期作品的细部反映出东方的影响。他的住宅中也用东方艺术品点缀。我曾好奇地问他："你的设计为什么带有东方色彩？"他回答说："一个人的工作、学习和经历很自然地会带到他的设计创作之中，不可能凭空创造出什么来。"我想这话是接近实际的。不知不觉地"反映"和"带出"往往不是个人的意愿所能改变的。他早期的建筑处理喜用水平线条，深深的屋檐，石砌烟囱，大平台。他在加利福尼亚设计过一幢住宅，中间是厨房，他总想求得一定的新奇。在学生学习的图房中，屋架完全不是书本上常规的样子，记得进门右手的一片墙上，他搁置了十来本书，是自己想出来的。其中有老子的《道德经》和亚里士多德等哲学家的著作。他对古代的哲学和传统的建筑风格是有研究和修养的，有广博的知识面，绝不限于一个民族的狭义范围，而是广泛更广泛，对于一位成熟的建筑师而言，那是必不可少的。

在教学上，他鼓励学生思索。一天，他很高兴地将学生送给他的生日礼物——画，一幅幅给我看。这些画没有一幅是俗套的，都是别出心裁。我问他为什么这些画都那样奇特，他笑着说："我主张学生的图样和图案应有创造性而不应平庸和抄袭。"他还拿出他设想的城市规划模型（Broadacre City）给我看，有点城乡无差别的思想。他总是想兜售这套理论，不过在他那社会也只是一种幻想。这个人在学术上有点"傲"，孤芳自赏，不过他读书颇多，是位有学问的建筑师。

赖特的思想很活跃，他既有受传统影响的一面，又有冲破束缚创新的一面。不受传统框框所束缚，从建筑发展的趋向去探求，这是难能可贵的。可是实践毕竟是实践，约翰逊制蜡公司那幢建筑，柱子像一把伞，伞顶倒置，看起来新颖却常常漏水。我参观时曾问过那儿的修理工人是怎么一回事，他风趣地答道："这种样式广告效果大，虽然不断修理花了点钱，但与收效相比却是微乎其微的。"为了让人参观，那儿还设有接待人员，参观后还白白地送一纸盒肥皂，你带回家无形中做了义务宣传员。在这办公楼的后部，有个雨篷在施工时刚拆模就倒了。工人们去找赖特，你想他怎么说？他说："自古以来，结构计算的方法是人创造的。上古时，人们搭个草棚，垮了再建。加粗点骨架，从中摸索出经验，此后，许多结构计算还不是通过结构实验来研究得出计算公式的？"他接着说"雨篷垮了，多加些、加粗些钢筋不就行了吗？"看来他不十分重视工程技术。古根海姆美术馆也是幢出奇想法的建筑，有人开玩笑说："如自上而下看展览，看完后会感到一条腿长，一条腿短。"

他对政治不大在乎。记得有一位新闻记者带着夫人去拜访他，他请我作陪，桌上摆了香槟酒，他喝得痛快就骂政府，把那位记者先生搞得很为难。据讲欧战快结束时，美国芝加哥建筑学会请他去演讲，事前他喝了酒，他一开讲就说"The American Architecture Institute is dead"（美国建筑学会死了），接着便骂开了。他很不拘小节，闹得政府曾想抓他，但因不少人认为他只是个古怪人，疯子，也就算了。一个人喝得酩酊大醉常常会亮出真实思想。尽管这样，人们还是敬重他。

问：他在建筑处理上有些时期爱用六角形，他认为六角形更适合于人的活动，是否这样？

答：那不见得。方形是人类长期实践积累的形体，古代埃及和中国的坟墓、陵寝，不约而同是方形、矩形。个别的建筑处理用六角形，当然可以。但像赖特那种推论，值得研究。应当说他的有些理论是有见解的。但有的难免不是猎奇炫耀，标新立异，不是"老实"的。我常想，大量的为大多数人所用的建筑物都是普普通通的，那些在内外空间及造型上有突出形象的建筑只是个别的。

美国在文化方面是很可怜的，它没有深远的文化历史背景，起始时只有那大自然和印第安人。英国殖民最早，建筑工业的Colonial Style也只是一些木结构和砖石建筑的民间式样。到赖特那时候，多少有了点美国文化，在他的初期建筑设计中不难看出有传统的影响，也看出他建筑艺术素养的根底。但他那一套就那么好？也不见得。他的独创见解，有些是有价值的，但不能夸大。一夸大就偏了。不能忽略了他是处在资本主义社会之中，一位建筑师出了名，除了是由于他的个人才能外更主要的是他的社会背景，有资本家作后台，资本家肯出钱，他才能为所欲为地去"创作"。这就像办报办杂志，假若每篇文章都平淡无奇，没有一点一鸣惊人之作，有谁看？报纸刊头不醒目，有谁买？建筑也是一样，但建筑和经济有关，明确地说经济总是起着制约的作用，追求新奇并不难，难的是做一个平平凡凡而受人尊重的人。

问：我们这一代人想了解他，研究他，你认为注意力应落在哪个焦点上？

答：要实事求是，中国古代建筑有着自己的传统特色，而现代建筑是从欧美搬过来的。建筑文化和技术的输入过程是十分复杂的，一定要消化成为我们自己的建筑文化，那才有生命力。讲建筑文化一定要全面，你记住这一点，要实事求是，不要求奇，要根据具体情况动脑筋，在现实基础上创新。建筑有强烈的社会性，有着它一定的经济和精神条件。在社会主义国家中建筑创作要符合党的政策，也只有在现实的基础上才谈得上创作自由，才谈得上中国的建筑文化。

时代对建筑创作是十分关键的。回顾建筑历史，为什么罗马建筑、文艺复兴建筑至今尚在人们记忆之中？为什么唐长安城、大明宫，令人难忘？都是因为那是极盛时期开的花，花儿盛开多么鲜艳！花虽衰败了，但盛开时的灿烂景象是长存的。这也和音乐一样，优美的乐章就在那一瞬间，但这是作曲家经过思索，立意，感情表达过程的结晶。我们是发展中的国家，建筑创作要实事求是，合乎时代，不然就像抗战时的重庆，有的建筑师在竹笆墙外粉成摩登建筑样式那样，这种建筑只能是一种讽刺，不是建筑创作的真实表现。

问：杨老的谈话对我研究这个专题很有教益。在我国社会主义的历史条件下，建筑师首先要想到的应是广大的人民群众。

答：是的。

（原载《南京工学院学报》1981年第2期）

附录

童年的回忆[①]

童年的回忆是朦胧的。

我的家在河南南阳一座村子里，离诸葛亮的故地卧龙岗仅七八里地，小时候我常到那儿去戏耍。卧龙岗是伏牛山脉的一条余脉，连绵到这儿已不太高了，只是一个小小的山坡头。远远地眺望可以见到一座古塔，名叫魁星塔，那儿还有口井，武侯祠就坐落在这里。武侯祠的石枋上有块横匾，写着"三代上人"几个大字，它边上还有石亭石柱。记得进了山门后，拜殿上有座大台子，古柏交柯，苍劲葱郁。大殿后，一边是古柏亭，一边是野云庵，

[①] 1980年杨廷宝口述，齐康记录、整理。

再往后堆砌着假山石，还有个不太大的石洞。我们几个小朋友时常爬进爬出，玩捉迷藏，十分有趣，这是我童年生活生动的一页。假山石被长廊环抱，对着前面的茅庐，山后是这群建筑的终点——抱膝长吟。这组建筑群的周围还布置了关张殿和诸葛书院，关张的塑像在童年时看来十分高大，栩栩如生，还有点吓人，儿时观看的景象好像什么东西都夸大了似的。

我还记得在进门石亭一侧，竖立着一块明朝的石碑，镌刻着这一带的风景和书法笔迹，衬托着那块石碑的栎树，形象异常优美。可是我的童年只有那么一段短促的时间充满欢乐，无忧无虑。

离别我的家乡已40多年了，历经战火、浩劫，现时的情景又是若何？

当我出生到这个世界上不久，母亲就去世了。婴儿没奶吃，依靠四邻八方，东家吃几口、西家喂几口，是慈爱的老祖母将我抚养长大。幼儿丧母也影响到我的性格。家父当过南阳公学的校长，当时招收的学生来自河南、湖北，学校的房子就利用贡院。为了兴新学，他曾到上海买仪器，他在那一带颇有声望。后来腐败的清政府说他办洋学，要抓他，他被迫逃跑了，逃跑的经历我还记得清。一天大早，他的学生匆忙向他捎信，并给他搞了匹马，他跑到了襄阳。伯父告诉我，逮住要杀头。那天半夜三更我们也逃了，夜奔几十里地来到一个农村的小庄园，吃了点饭继续往更远的刘姓的家避难。家人叫我改姓刘，称他家上人为"舅"。

后来，父亲的学生从湖北来告知，孙中山成立了革命军，又捎信说南阳光复了，他们造了舆论声称："革命军很快要攻打南阳！"结果那位腐败的清政府的官吏镇守使也就溜之乎也。记得家父骑着高头大马回到光复了的南阳城。乡里人又将我带回到我的故乡。

回乡的途中，那位农人带着我们两个小孩，带了几个鸡蛋、馒头，在步行的归途上，因为年幼才七八岁，走着走着就走不动了。我们来到一座破庙，庙里住着几个要饭的，我们借着他们的破锅和柴草，煮鸡蛋热馒头，还分着给他们吃。路途的艰辛、恐惧、惊吓，每回忆起，还历历在目。

家父在革命党做事，兴学。是地方上的一位绅士，他在一座大宅院办公。开封光复后，官员们得知他办学有方，当上了中州公学的校长，算是省府办的中学。他还当选为辛亥革命后的议会议员。好景不长，袁世凯称帝，家父持反对意见，一批封建遗老们劝他继任，他弃职而走。当时如若逮住，也是要杀头的。我们家又经历了一次灾难，而他也再没当中州公学的校长，被奚落了。

12岁那年，我住在父友黄小坡家里，那位老人是位有学问的人，是我的一位启蒙老师。他家有个不大的庭园，有廊有亭，建造虽拙，但环境却还宜人。我童年的生活是孤独的。但这模模糊糊的日子很快也就结束。我带着这么点片断的记忆进入我求学的时代。

一天，家父对我说："你该念书了"，我一听就有点害怕。记得五六岁时，家人曾带我上过私塾，那儿老先生看了我那瘦小、病体的模样，不想要我。拜学的那天要向老师叩头，他要我背《三字经》《千家诗》，我几乎每天都背不上来，还要挨手心板。看了厚厚的几篇文章，我着慌了，远远望到老师就赶紧避开，我很不喜欢这种教学方法。我常常因为背不上书，留在老师书房里，不时被他打手心和挨骂，使我很伤心。我有时看着别的孩子一个个地回家，只留下了我，想着也很惭愧。终于，那位私塾老师对家父不客气地说："我不能再收这孩子！"而后家父要我进在河南办的欧美预备学校，我当即说不会做文章，他教了我做文章的"套子"。我就大着胆子去应考。我抱着很大的希望去看榜，挤在熙熙攘攘的人群里看着榜上的名字，在备取生最后的几行中找到我的名字。我很扫兴，默默地想："这没什么指望了。"

唉！运气来了，在备取生中有个家里有权势的孩子，当局就干脆又办了个"丙"班。我有幸进入这所学校，对这件事我曾想：运气是个古怪的事，有时在人生的激流里，会把你推上岸边。

我离别了家乡，来到学校，开始了我的学生生活，完全是截然不同的境地。严格的校规，夜晚的查房，使自己的生活旋涡转向了另一方。我们这群孩子，住在一座明朝地主的大院里，这儿也是个考场。起始，我是个不懂事的孩子，玩线团球、风筝，闲散时，有时挤在人群中看娶新娘子，拜堂的闹劲儿。进了这学堂我开始爱好点运动，打打拳，玩玩球，我的身体慢慢地健壮起来。假期回家我还跟伯父们常去池塘游泳，游泳训练了我的胆量。记得后来在清华学堂考体育课，在考核游泳时，一次就达到了标准，这不能不说是儿时的"基础"。

在留美预备学校，丙班中我考上了第三，说实在那时我并不知道怎么用功，只是按部就班地学习，成绩很快就上去了。

学校中有位林伯襄老师，还有位教学十分认真的美国教员，叫Hargrove，尤其是林老师，几乎全部精力扑在教学上，夜晚九点准时来查房，学校里不论那个老师请假，他都能代课。最使我感动的是一次他得了痢疾，不成人形，他还坚持代课，他那一步一步走进课堂的身影深深地印在我的脑海里。他讲了许多我国古代忠诚义士的故事，如岳飞、文天祥等。最深的印象是史可法去狱中见他的老师左忠毅公，老师大声斥之说："此何时也，幸勿见"，我们孩儿们听到这里，眼泪都夺眶而出。爱国心！童年的老师的言行都刻在我们心灵中。

我们这七个孩子上了二年半课，河南省就没经费了，老师把我们叫到他的办公室。校长对我说："北京有个清华学堂，如你们考上可减轻本省的负担。"我们应考了，主考的有唱诗班的牧师，还有那位Hargrove老师。他知道我学得很好，笑着对我说："you don't be examined for your English"（你的英语，不必考了）。结果我取了第一名，其他六名也都取了。

说也怪，我怎么从丙班转入甲班的呢？因为丙班的那几位纨绔子弟，转为正式生也就将我一起转入甲班。丙班是淘汰班，不然的话，我今天不知又在何方。

　　我的幼年，正处在一个大变动的时期。幼小的心灵虽然充满着希望、期望和渴望，向往着未来，但之后每向前一步都带着疑虑和彷徨，在现实面前踟蹰不前。

学生时代①

　　处在我们那个时代的学生都有许多类似的回忆，但是各人所走的道路却是不相同的。

　　我14岁就在清华学堂念书，清华原是一所由帝国主义利用"退还"一部分庚子赔款所设立的学校，即专门训练留美学生的一所预备学校。

　　清华校园是1908年清末政府外务部、内务部将清室皇家清华园"赐园"办学。清华的工字厅即当时园中建筑的一部分。工字厅门前挂着"水木清华"四字，两侧柱上还有上下两副对联，题着：

　　窗中云影，任东西南北，去来泊荡，殊非凡境；

———————————
① 1980年杨廷宝口述，齐康记录、整理。

150

　　槛外山光，历春夏秋冬，四季变换，洵是仙居。

　　想来过去的清华园的景致是秀丽的。

　　"工"字厅曾是校监督办公的地方，之后就是校长办公室，还有幢"清华学堂"即原建筑系旧址。我在的那几年正在建造大礼堂。之后又建图书馆、科学馆。这些都是美国人墨菲设计的，庄俊代表学校管理施工，也算是监工，他现在90多岁了，住在上海。在清华工字厅里，有他的绘图桌。有时，他也绘图。我常到他那儿去，也去工地看看，从旁了解打桩、基础等工程知识。

　　清华园子的周围，有假山石，树木青翠。那儿亭子中央挂有大钟，全校上下课都以此钟为准，这儿也是我们学拳的地方。

　　当时学校的学制、教学方针都是以能适应进美国大学为准绳，而日常礼仪、行政管理又不折不扣地是封建主义的一套。清华的英文校名是"Tsing Hua College"。据高年级同学对我们说，那时来报到的学员来到工字厅，要禀帖，考试官要喊"河南听点""浙江听点",要留条小辫子。这些在辛亥革命后都去掉了。

学校内分中等科和高等科两种,各四年。学校分国学部分和西学部分,除几门作文外,几乎全用英语,不少布告、年刊全用英文。中等科主要是英语训练,其他有世界地理、数学、化学、卫生和音乐等。每天有4~5节课。我们在高等科学习自然科学、社会科学、人文科学等基础课。如数学、物理、化学、政治、经济、美国史、英文文学,甚至学第二外国语。

给我印象最深的是体育课,因为不及格,不得毕业,也不得出国。那位马约翰先生教课是很严格的,他是一位对教育工作有事业心的人。

那时的老师有美国人和中国人,美术老师斯达(Starr),她一人就住一套房子,家里有个大师傅给她做饭,生活是优裕的。他们的待遇大大超过中国教师。后来我曾到OHIO(俄亥俄州)她家去拜访她时,那境遇就大不相同了。

　　在清华园学习期间，我的学习比较杂乱。因为在河南时我的外语基础较好，来到清华，老师根据我的学习情况就插班至二年级，之后又到三年级。老师曾要我插入中等科的四年级，我怕学习负担过重，也只上到三年级。至于中文我还是从低班学起。中文是讲一篇背一篇。

　　数理课，也是我感兴趣的课程。我选的课程比较多，由于课程时间排不上，老师常要我到他的备课间去学习。他每天给我几道练习题，对我是信任的。物理课是梅贻琦老师教，他不要求我们背公式，但他对公式的由来讲得很清楚，我听得懂，记不住，可我能把公式推导搞清楚。考试时，有的公式，我临时推导，也就过去了。我这个人比较呆板，记得一次上物理实验课，领来了物理实验仪器，老老实实地做，但结论与书本上相反。我自信操作没有错，等到发实验本时，梅老师惊奇地问我答数为什么不对，我回答说："我是按步骤做的。"第二天，他亲自拿出仪器来校对，结果他笑着对我说："你答数错啦！试验是对的。"一个学生在一门课上得到老师的好评与鼓励，可能在今后会促进对这一门学科产生志趣。

念清华的，大多是一批富家子弟，也有些像我这样的家境窘困的子弟。至于说学习的目的性，不能不说受到辛亥革命、五四运动的影响，要把国家搞好，多少受到点读书救国，实业救国的思想影响。

1921年8月，远涉重洋，到美国宾夕法尼亚大学学习建筑。这一段学习对我今后从事建筑设计事业起着决定的影响。我那时学习正是样式建筑（Style Architecture）转向现代建筑（Modern Architecture）的时代。从西洋古典到现代建筑我都粗略地学习了一遍。

朱彬、赵深等人在美国学习的成绩是好的，他们给美国老师留下了良好的印象。这给我们后来者带来了便利条件。我们在清华学习的学分，这些学校都是认可的。

前一二年我学的仍是一些基础课，我又学了一年德文（在国内已学了二册德文）。绘画课，老师知道我有点基础，我就画了整整一年的人体素描，我们的用具是木炭条和铅笔。人体画是写生，往往用1～2小时就过去了，着重画人体的轮廓和大块的明暗。石膏像我画的有头像、胸像和建筑装饰画。至于透视、阴影课，学个基本的方法，很快也就过去。此外还有水彩画，可以说到了二年级我已基本上把学校的学分都学完了。为什么会那么快呢？因为那个学校是按级学分制。由于我的学习成绩优秀，很快就满了分。

设计课是我们的主课，中国学生在那儿是比较用功的，老师们上午在事务所，下午来上课。而那批美国孩子比较顽皮，学习比较差，平时就不大来上课。而我总在课堂中等老师。老师对我画的图改得比较仔细，我学得也就较为扎实。等到快交图时，那批外国学生就紧张起来，老师常常骂他们，他们也就来找我。我的设计图往往是提前几天完成。别的孩子要我帮他们画图,我等于做两三个题目,甚至有的从方案做起,老师改了他们的图,等于也在替我改图,我就比别人多学了些。

赵深、朱彬他们也是喜欢赶图的。我虽比他们低一二班,但到了急来抱佛脚时,也不得不帮他们一把。

我积累的设计分数多,到了1924年,我几乎达到本科毕业的要求。花了二年半的时间完成了四年的学业,另外还加上半年研究生的学习。

建筑设计课是要有点竞争的,竞争当中才会有进步,大自然万物生存不也有这种现象吗?当时在美国搞建筑学生设计方案的评奖活动,委员会设在纽约,每年数次,评审委员有校外的,也有本校的老师。我有几个题目得过奖,其中一个是Municipal Art Society Prize Competition,还得过Emerson Prize Competition,也给奖金。有几次发给我奖牌,这些奖牌一般是铜制的,至于我个人具体得了多少奖牌,已记不清了。讲起来这是对中国学生的一种荣誉。1925年春我已学完了各门课。毕业时学校还印了一本Graduate with honors的奖本给我。

每学期的假期有2～3个月，我曾到Academy of Fine Arts Summer School学过雕刻，这对提高我的艺术鉴赏有好处。

建筑文化反映一个时代，而一个时代的建筑特征又直接、间接地影响着建筑教育。社会上那些著名建筑师的作品，其设计处理方法也自然会反映到我们学生的设计图上来。比如，Good hue是比我们早一些，这位建筑师的设计从方案到建筑细部都亲自动手，他们钢笔画功夫很深。他设计的——Nabraska Capital，其建筑造型的样式是从古典主义中脱胎而出。沙利宁也是当时著名的建筑师，建筑师的设计有时往往喜欢"求奇"，他设计一幢建筑，其楼梯故意斜着布置。后来我曾问过他为什么这样设计，他说："我就是要引人注意。"

那个时期，新结构、新材料、新技术的运用，迫使建筑师作出多种探索，Modern建筑和仿古建筑交替进行，各种建筑思想、造型、形式都登台表演。所以我们设计图上学的样式，也是多样的。我曾用古典建筑形式、西班牙殖民地式、甚至高蓋式式样探求建筑造型上的方案设计。

建筑老师在建筑设计课上给学生的熏陶是十分重要的。

教师的启蒙，热忱的指导，教学的环境，以及社会上的建筑实践与建筑思潮对培养一位建筑师和建筑人才都至关紧要。教我最早的启蒙老师应算是Haberson，他写过一本《建筑构图》，这在当时以及30年代的建筑教育学中都有一定的影响。这本书今天看来是过时了，但一些原则不无参考价值。之后，我就跟老师Cret学习建筑设计，此外，再无别人教我。我的学习，不大喜欢老师经常调换。定下了老师，就可了解他的脾气，而他也了解我的个性和特点。Cret是位法国来美国的美籍教师，他毕业于巴黎Ecole des Beaux Arts，他得过Architect deplome' des du Gouvernement Francais即A.D.G。他在美国建筑界是一位有地位的人，有一定的影响，他设计的主要建筑是纪念性建筑物和隆重的公共建筑。

Livenstone, Haberson等都是他的学生。这位老师人品很好，为人淳厚、淳朴，参加过第一次欧战，耳有点聋，说是被大炮震坏了，英语讲的并不怎么好，可业务确是出类拔萃的。他的建筑设计、建筑绘画深深地影响了我，是一位值得尊敬的老师。他有点脾气，即使被他骂过的学生也尊重他，当然美国建筑界也是尊重他的。他的铅笔画、水彩画都有相当的造诣。《Pencil Points》杂志中曾刊登过他的作品。他办了一所小小的事务所，大多是他的学生，真像个小家庭似的。

我们那时做学生可以选定老师来做设计题。Sternfield也是我们设计教授之一，也是Cret的学生，此人爱开玩笑，我攻读硕士学位是跟Cret。

Sternfield的设计手法有点Modern化了，他是陈植的老师。从老师的手笔中可以看出，一位有古典建筑艺术修养的建筑师，在他设计的Modern建筑中，偶尔会反映出来，而且能看出他的背景。正好像有古文基础的人写白话文一样。

教我建筑史的老师是位大胖子，此人为人风趣，他的建筑历史知识十分丰富，引人发笑的建筑史上的故事，常常引起学生们的兴趣，他名叫：Herbert Edward Everett.A.E.D（Professor of History of Art）。

我的素描、水彩画老师是Ceorqe Warter Dohnson，他的水彩画颇负盛名，大英百科全书上有他的名字。他游历过许多地方，在西班牙、意大利等地画过多幅作品，他尤以画花卉而出名。这位老师为人和善、南方口音，他在教学中，十分重视用渲染的方法来作画。因中国学生成绩好，对我们颇有好感。他的画十分细致而准确。他总认为建筑师的画应当写实而准确，我从他那儿得益匪浅。

此外，还有位人体写生的老师，是位壁画家。他的人物画十分出色，对我们也颇有影响，可他的名字已记不清了。

得硕士学位典礼的那天，Paul Cret就对我说：
"来吧！到我事务所来工作。"这样这位老师又在实
际工程中指导了我。

我先是在那儿设计一座铺面，是改造面样的
装饰工程，之后参加了Detroit Museum的详图工
作。这座建筑在当时是出名的。该建筑前面有三个
圆拱，有内庭院。因我的构造学得不那么扎实，当
接触到实际工程，印象就十分深刻。这座Spanish
Style工程的铁花格门的详图是我亲自到加工厂
Samuel Yallon（当时是欧洲人移民开的工场）看着
师傅们做才清楚。使我懂得了，施工详图的工作必
须和有实践经验的工人共同研究来付诸实现。记得
Paul Cret曾对我说："建筑材料用在什么地方，你
就要熟悉那材料的性能，放在你最合理而又合适的
地方。"那个时期，由于许多装饰构件中要手工操作
如铁件、铜器，这对详图和施工特点要求是十分严
格的。费城Delaware Bridge Aproach桥前广场上
的灯座、栏杆等都要画出十分详尽的施工图以保证

施工质量。纪念美国建国150周年的展览馆，该建筑于1925年建造，我也曾参加了一些施工图的工作。克芮那时也试验设计一些新建筑，他也跳不出那个时代的潮流和建筑思想。总之，我认为一位建筑师要经历一段施工图的实际训练，这对他的实际创作十分有益。那项工程Larson也参加的，他也是克芮的得意门生。

我曾说过，我们那个时代是个建筑转变的时代，而我的同学们毕业离开学校也走着不同的路径，奔向各自创作的前程。其中有的是幸运儿，有的也有悲惨的结局。

林肯纪念堂是我将毕业时建成的，它仍然是座折中主义而又富有创造性的建筑。它将希腊柱廊式的建筑横向面对着轴线。与此同时也建造了一批新建筑，两种建筑同时并存。不过芝加哥的展览会仍是前者占了上风。世界上的事说也奇怪，美国建筑走过的路子，在50年代的苏联又重复了一次。它们都承袭了古典手法，何其相似乃尔。不过莫斯科的苏联农展会给我的印象要杂乱得多。

美国最早的建筑是Colonial Style，那是受到英国维多利亚建筑形式的影响，之后是古典主义、折中主义占统治地位。

Louis Kahn、John Lane Evans、Alfred Bendiner Darwin、Heckman Urfer、Norman Rice、Eldrege Snyder等都是我先后的同学。其中最出名要算Louis Kahn了。对于他的介绍在书上已介绍了很多。他的学生时代，家境十分贫寒，读书时常到校外找点工作以弥补生活费用之不足。他会弹钢琴，夜晚总到夜总会去伴奏。那时电影是无声的，他能看着影片的情节配上自己的乐曲，是有天分的人。1944—1945年间我曾去拜访他，他已开了一所不小的事务所。

至于要我说些学生时期有趣之事，那就要说建筑系学生的化装表演，每位学生扮演一个角色，有的着上古装，有的扮演王子、仙女，一切由学生自己动手，把各人的艺术才能全发挥了，大家笑得不亦乐乎。

学生时代的回忆就讲这些。

再说一遍，我们那个时代是我们国家政治上大变革的时代，是国外建筑大演变的时代，也是在旧中国开始有一代中国建筑师的时代，值得回忆之事还是很多的。

我为什么学建筑[①]

谈起我为什么学建筑，就要追忆少年时代。

小学里的一位大学长叫陈兰，他和我住在一间斋室，他喜爱画花卉，能画四幅屏的"大画"。后来，他终于成为画家。我对绘画的爱好，受到他的影响。那时的图画（即美术）课老师姓吴，他身材魁伟，对学生很严厉，我们给他起了个"虎老伯"的外号。上课时，他把自己事先画好的小黑板挂在墙上，学生们就照着临摹。下课后，交不了作业的同学们怕老师责备，就找我帮他们描。这样，一张作业，我得画上好几幅，越画得多，我的兴趣也

---

① 1980年杨廷宝口述，齐康记录、整理。

越大。

我对绘画没有什么天资，有了这样一个环境及条件，我渐渐地喜欢绘画了。

在清华学堂学习时，教图画的老师是位美国籍的斯达女士（Florence Starr）。她性情温和，心地善良。同班同学闻一多、吴泽霖、方来等都是绘画爱好者。我们用英文同老师对话。有时，她请我们吃饭，相处很自然，师生间的关系十分融洽。记得一次丁香花盛开的时候，我在课堂里对着花作画，画兴正浓，下课铃响了，忘了去吃饭，斯达看到了，就从家里给我送饭。老师的言行无形中加深了我对绘画的爱好。

在学校里，闻一多和我们几个人都担任过美术秘书，并经常为学生会出的布告栏画刊头。我和闻一多比较接近，周末，我们常在校内外写生作画。那时，校外比较荒凉，那稀疏的村庄、圆明园的遗址，城边的清泉流水，几座古庙的庙门、粉墙、琉璃瓦、白皮松，都成为我们写生的题材。我一生中用油画来画建筑，也就是在那时画过的两张。

斯达一度回国度假，美术课由化学老师的夫人来教。我和闻一多等人一同组织了一个美术兴趣小组（Art Club），这位代课老师又和我们熟悉起来。化学老师劝我选学化学，我知道他的教学方法是要学生背公式，我也就不想学。我对老师干脆说："背公式，我不选。"我继续选学物理，共读了两年（包括高等物理）。现在年老了，回想起来"宁学物理，不学化学"的这种偏见，多少有点后悔。

出国前，斯达问我志愿定了没有，我胆怯地没敢回答，闻一多答应下来。我的心愿是想学美术，但家境已日趋衰败，每年只能供给我几双鞋袜，上学的路费还是向同族和亲戚告贷而来；学习用的书籍是接受别人用过的。河南省每年只津贴每个学生大洋拾伍元。估算我的经济情况及往后的生计，总感到学美术这一行，日后难得温饱。我对斯达的一再劝说，没有听进去。现在我还记得清楚，她当时那种沮丧的神情，眼泪都几乎要落下来。她虽是一位外国老师，但她对学生的关切，却是那样的淳朴和深厚。每每忆及，我都深受感动。

在决定学哪一行的日子里，对我一生是非常重要的。我想到学美术这一行，前途渺茫，又揣摸到庄俊干的建筑工程一类的工作，对我比较合适。因为它既照顾到我对美术的爱好，又能掌握一定的科学技术。想到这里，我的思路豁然开通，于是，下决心学建筑。这时，斯达只能用沉默的眼光望着我，而我能对她解释什么呢？留美回国前，我和她通过信，以后又特地到俄亥俄州的乡村去探望她。她和她的哥哥住在一幢房子里，生活是贫苦的。我来到她家时，她正跪着擦地板，她衰老了，见到我，分外高兴。临别时，我准备送一张画给她留作纪念，她说："我留着不如让你带回国用来开展览会吧！"从此，我再也没有见到过她，她的形影常留在我的记忆中。

一个人的理想、志向，往往与环境的熏陶分不开。我一度也曾想学天文。因为在幼年，我曾听

父辈们谈到故乡的北乡石桥镇鄂城寺有汉代张衡的
墓，张衡是位大天文学家，我非常羡慕和敬仰他。
在同学中，几个大同乡也不时提到古书中的天文。
父亲的友人王可亭常来我家，他对古代的学问钻研
颇深，他的知识面广泛，他也懂得点天文。长辈们
讲的故事，使我听得出神，说什么后汉光武出生的
村子离家乡近50里地，光武有28将领与天上的星星
相对应。我幼小的心灵里很自然地将天上的星宿与
地上的人物串上，天文、地理、人物交织在一起，
印象很深刻。王可亭对数理、机械、语言学、音韵
都有所通晓，他是一位有禀赋的人才。可惜生在旧
社会，穷苦潦倒至无以为生的地步。再有，我还想
学机械，学生物，准备"科学救国"，也曾想学哲
学。青年人的幻想是层出不穷的。

　　一个人对志愿的选定，也不是不可变动的。在
美国学习时，闻一多虽学了美学，但没有学几个
月，他又改学话剧，他还劝我改学舞台美术，和他
搭伙伴。我这个人喜欢按部就班地办事，不习惯于

夜间工作，我没有接受他的建议。不过，他学这一行是很合适的，他是一位豪爽豁达、多才多艺的人。想当年，在清华演戏，他扮演的老太婆很逼真，实在是惟妙惟肖。五四运动时，他和罗隆基都是十分活跃而积极的。

到美国，我进了宾夕法尼亚大学建筑系。为什么选上这个学校呢？朱彬是第一个上那个大学的，他的成绩优异。以后，范文照、赵深也去了，他们是二年制，特别班，对工程技术偏重一些。①他们开了路，学习成绩都很好，给校方留下了良好的印象。而我在出国时举目无亲，有了这几位学长为先

① 1991年12月16日陈植给本书主编杨永生来信对这段话提出如下意见："至于范文照、赵深是二年制，特别班，对工程技术偏重一些，恐齐康记录有误（但曾由杨老审阅，亦可能杨老年事高，记忆力衰退）。总之，宾校建筑系一律为四年制，从未有'特别班'。因此，范得建筑学士学位，赵又加进修得建筑硕士（1923年时我方进宾校）。课程中建筑结构及水电暖均为必修课，无所谓'偏重'而选读偏重。清华学校毕业去美留学，一般学文科法科者可插入大学三年级，工科理科插入二年。朱、赵、杨选学分多，所以两年即得学士学位，并非什么两年制。"

导，自然地选上了这个学校。梁思成、林徽因、孙熙明、童寯、陈植①等都是先后来到这个学校学习过。

回顾往事，颇有意味。如今想来，决定学建筑是当时许多志愿中的一个，而我从事建筑设计工作已经跨过了半个多世纪（1925—1980年）。我常这样想，任何国家，只要看他的建筑，都可评价其历史的、文化艺术的和功能的价值，我能把自己的心血和精力，贡献给祖国的建筑事业，对于最后选择了学建筑这一行，是值得自豪、自慰、自勉的。

唉！短暂的人生走得多么漫长，可又消逝得那么仓促。

---

① 陈植在该信中还说："至于，梁、林、童、陈'先后来到'，则我为1923年，梁为1924年（他在清华与我同班，因车祸腿骨折断，晚一年与其未婚妻徽因同去宾校），童为1925年。孙熙明乃赵深未婚妻，仅1926年在宾校选读建筑一年。"

图书在版编目（CIP）数据

杨廷宝谈建筑 / 杨廷宝著；齐康记述. —北京：
中国城市出版社，2024.2
（建筑大家谈 / 杨永生主编）
ISBN 978-7-5074-3686-0

Ⅰ.①杨… Ⅱ.①杨… ②齐… Ⅲ.①建筑学－基本
知识 Ⅳ.①TU

中国国家版本馆CIP数据核字（2024）第045098号

责任编辑：陈夕涛　徐昌强　李　东
书籍设计：张悟静
责任校对：党　蕾

建筑大家谈
杨永生　主编

杨廷宝谈建筑

杨廷宝　著　齐康　记述
*
中国建筑工业出版社、中国城市出版社出版、发行（北京海淀三里河路9号）
各地新华书店、建筑书店经销
北京锋尚制版有限公司制版
北京中科印刷有限公司印刷
*
开本：787毫米×1092毫米　1/32　印张：5⅞　字数：79千字
2024年4月第一版　2024年4月第一次印刷
定价：**48.00**元
ISBN 978-7-5074-3686-0
（904630）